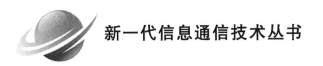

新一代信息通信技术丛书

U0161786

6G 可信可靠智能

余 荣　王思明　郝 敏　等◎著

北京邮电大学出版社
www.buptpress.com

内 容 简 介

智能化是 6G 移动通信的核心特点之一。如何实现可信的、可靠的智能是 6G 研究亟须解决的关键问题。本书围绕"6G 可信可靠智能"这一主题展开介绍,全书共分为 5 个部分。第 1 部分介绍 6G 可信可靠智能的愿景需求和基本概念,第 2～5 部分介绍 6G 可信可靠智能的关键技术,分别从区块链、隐私计算、零信任网络和数据价值评估等技术角度出发,探讨 6G 可信可靠智能的解决方案。

本书可以为移动通信、人工智能、网络安全、物联网、大数据、边缘计算等领域的科研人员和从业者提供理论技术前沿介绍,也可作为电子信息、计算机和自动化专业的高年级本科生和研究生的参考教材和参考文献。

图书在版编目（CIP）数据

6G 可信可靠智能 / 余荣等著 . -- 北京：北京邮电大学出版社，2023.10
ISBN 978-7-5635-6855-0

Ⅰ.①6… Ⅱ.①余… Ⅲ.①第六代移动通信系统－研究 Ⅳ.①TN929.59

中国国家版本馆 CIP 数据核字（2023）第 005217 号

策划编辑：姚 顺 刘纳新 责任编辑：刘 颖 责任校对：张会良 封面设计：七星博纳

出版发行：北京邮电大学出版社
社 址：北京市海淀区西土城路 10 号
邮政编码：100876
发 行 部：电话：010-62282185 传真：010-62283578
E-mail：publish@bupt.edu.cn
经 销：各地新华书店
印 刷：北京虎彩文化传播有限公司
开 本：787 mm×1 092 mm 1/16
印 张：13
字 数：275 千字
版 次：2023 年 10 月第 1 版
印 次：2023 年 10 月第 1 次印刷

ISBN 978-7-5635-6855-0 定价：58.00 元

　　6G 移动通信将深刻影响人类社会生活和生产方式。6G 业务以智能化、沉浸化、全域化为核心，涵盖沉浸式虚拟现实、全息通信、感官互联、智慧交互、通信感知、普惠智能、数字孪生、全域覆盖等典型应用场景，将人们带到更加丰富多彩的信息社会。

　　智能化是 6G 的核心特点之一。6G 系统智能化的必要性和重要性在业界已达成普遍共识，以深度学习为代表的人工智能理论与方法已经并将更广泛地应用于移动通信系统的资源管理、参数调优、策略控制、智能运维等领域。相比而言，5G 系统仅通过简单的"打补丁"和"外挂"方式引入了人工智能概念，导致系统智能化程度不足、效率不高。6G 系统则在设计之初就秉持"内生智能"的理念，将人工智能理论方法融入其系统基因当中，形成一个端到端的泛在智能体系架构，根据场景按需提供智能服务。

　　与此同时，6G 全场景应用的开放接入特性和网络内生智能对海量训练数据的需求，使系统的安全性和可靠性面临相当严峻的挑战。一方面，6G 全场景应用支持来自"空-天-地-海"等不同场景、各种类型的无线终端接入，对大规模分散异构终端接入的可信可靠管控颇具难度；另一方面，网络内生智能的实现以广泛收集终端设备和网络设施的海量训练数据为前提，导致用户隐私数据和系统敏感数据存在信息泄露的潜在风险，对单点失效和恶意攻击等隐患的防御和保护措施不可或缺。目前，6G 所面临的这些安全性和可靠性难题，仍未得到很好的解决。

　　本书围绕"6G 可信可靠智能"这一主题，深入浅出地介绍 6G 移动通信的愿景需求、基本概念和关键技术。本书包括 5 个部分：第 1 部分介绍 6G 可信可靠智能的愿景需求和基本概念，第 2～5 部分介绍 6G 可信可靠智能的关键技术，分别从区块链、隐私计算、零信任网络和数据价值评估等技术角度出发，探讨 6G 可信可靠智能的解决方案。对各项关键技术的介绍，则以典型应用场景为例，依次从问题描述、研究方法、机制设计和实验评估等方面深入展开讨论。

　　本书的总体框架设计、各章节结构组织和主题设置由余荣负责；有关区块链方面的内容，即第 1～3 章和第 13 章由王思明负责撰写，第 4 章由黄旭民负责撰写；有关隐私计算方面的内容,即第5~7章由吴茂强负责撰写;有关零信任网络方面的内容,即第8~10章由郝敏负责撰写;有关数据价值方面的内容,即第11~12章由叶东东负责撰写;全书统稿由余荣、康嘉文和熊泽辉负责。

在本书撰写过程中,作者参考了大量的论文、专著等其他形式的研究成果,并在参考文献中列出,在此对文献作者表示诚挚的感谢,若有参考文献由于作者的疏漏有所遗漏,敬请原谅。

本书系国家重点研发计划(2020YFB1807802,2020YFB1807800)资助成果。

作　者

目　录

第1部分　6G 可信可靠智能概述

第2部分　融合区块链的可信可靠智能

第 3 部分　基于隐私计算的可信可靠智能

第 4 部分 面向零信任网络的可信可靠智能

第 5 部分　数据价值驱动的可信可靠智能

第 1 部分
6G 可信可靠智能概述

第1章

6G 愿景和需求

1.1　6G 的发展愿景及其典型场景

1.1.1　6G 的发展愿景

目前,5G 通信技术仍处在大规模商业化部署阶段,但学术界和工业界已开始对下一代(6G)通信技术展开探索和研究[1]。未来人类社会对通信和信息技术的需求将进入通信和人工智能融合阶段。在过去的四十年里,无线通信技术经历了三次大规模的更新,从贝尔实验室开发的移动电话系统到移动通信互联网,再到万物互联的物联网,6G 将以人和数据为中心,实现"人、机、物"智能互联,创建"人、机、物"和谐共生的关系,促进社会服务和社会经济的均衡发展,构建可持续化的社会生产与智能化的社会服务体系。6G将结合人工智能、边缘计算、区块链、隐私计算和零信任等新兴技术,与计算、控制、定位、传感进行深层次融合,为人类社会的智慧生活提供坚实基座,支持空、天、地、海全场景应用,提供广连接、大带宽、低时延、高可靠、强安全的通信服务[2]。

与 5G 相比,6G 在带宽、时延、可靠性等关键性能指标将全面提升,6G 将支持空-天-地-海全域互联互通,具备泛在智能、虚实融合、泛在连接等新特点[3]。6G 建立在 5G 的基础上,进一步打破多域网络的固定边界,成为连接虚拟世界和物理世界的纽带,推动社会生产和公共服务数字化的转型升级。面向 6G 的应用场景正迅速激增,包括教育、交通、医疗、金融等。通过实现泛在智能、虚实融合和泛在连接三大愿景,未来 6G 将朝着数字化和智能化的方向发展,形成扩展现实、全息通信、元宇宙、移动边缘智能和生成式人工智能等新产业格局。结合人工智能等关键技术的发展趋势,6G 的总体愿景可由"泛在智能""虚实融合""泛在连接"构成。

（1）泛在智能

人工智能技术正掀起新一轮创新的浪潮，人工智能是 6G 的赋能技术，而"泛在智能"将是 6G 的典型特征。6G 将成为一个大规模、高密度、多层次的异构网络系统。6G 需要保障海量物联网设备对高带宽、低延迟、高可靠性和高安全性的要求。因此，6G 将充分利用人工智能技术来实现网络资源的管理和优化。6G 泛在智能旨在提供从核心到终端设备的人工智能即服务，如复杂网络的数据感知、预测分析以及复杂决策的优化。这涵盖了群智感知、大规模分布式训练、联合推断、网络架构优化、网络故障诊断等任务。另一方面，海量设备产生的数据将会呈现指数级增长的趋势。海量数据为数据驱动的人工智能模型的训练、决策和优化提供了丰富的原材料。联邦学习是推动泛在智能的分布式机器学习发展的关键技术。由于边缘设备具备更强的计算、通信和存储能力，6G 将整合异构边缘设备的资源，在网络边缘进行协同训练和联合推断，减少传输时延，提高服务体验。在联邦学习的框架下，海量数据可以保留在本地进行训练，保护了数据的隐私安全，并促进了数据驱动的人工智能应用的发展[4]。

（2）虚实融合

虚实融合是一种结合了虚拟现实、增强现实和混合现实的技术，为元宇宙、数字孪生、扩展现实等应用奠定了应用基础[5]。虚拟现实为用户提供完全虚拟化的数字交互体验，而增强现实为用户提供了真实世界中叠加虚拟物体的交互体验。虚实融合不仅仅限于虚拟内容的叠加，还能将虚拟物体与现实环境进行融合，结合了虚拟现实和增强现实的数字化交互操作，创造出一种沉浸式的交互体验，增强了用户的参与感和身临其境的感受。随着传感、计算、存储和通信以及三维成像的快速发展，沉浸式扩展现实成为 6G 一个典型的应用。与五感通信相结合，虚实融合可以把五种感官进行数字化传输，包括视觉、听觉、触觉、嗅觉、味觉。6G 凭借超高速率、超大带宽、超低时延、高可靠性、高成像分辨率、高传感能力等特性为虚实融合的应用奠定了坚实的基座。在 6G 通信技术的支持下，虚实融合的图像分辨率会更高、色彩更真实、延迟更低，给用户带来更加真实、身临其境的体验。沉浸式的虚实融合可应用于一系列场景，如沉浸式影音娱乐、远程会议办公和远程智慧医疗等。

（3）泛在连接

泛在连接通过在任何时间、任何地点把人、机、物连接起来形成万物互联、无处不在、安全可靠的网络系统[6]。泛在连接具有传输速率高、传输时延低、传输可靠等特点，能够支持更多的智能制造、智能交通、智慧城市和智慧医疗等应用场景的发展。由于基础设施和经济条件的限制，偏远、人烟稀少的区域仍无法获得网络连接服务。随着海洋、荒漠等偏远地区的应用和服务逐渐增多，6G 泛在连接可为偏远地区提供广泛的网络连接，如卫星通信技术、高空气球、低空无人机等可以在偏远地区提供互联网服务。随着物联网设备和应用在海洋、陆地、天空网络有广泛部署,泛在连接的特征是全域空间立体覆盖的无处不在的连接,即为空天地海一体化通信。海洋中有海面分布式浮标节点、船舶和潜水器等提供互联网服务。陆地主要以蜂窝网络和无线局域网为主。天空则以卫星、无人机、无人飞艇和高空气球组成。以智慧交通为例,泛在连接可采集城市内各种交通信息,包括车流、路况、公共交通等,并进行智能分析和处理,从而实现交通管理的数字化和智能化。这不仅提升了交通系统的效率,也增强了城市的安全、舒适性和可持续性。

泛在智能、虚实融合和泛在连接作为6G的三大愿景,将通过提供智能化的设备和系统、实现全球无缝连接以及提供更先进的沉浸式体验来推动6G的发展。这些愿景将改变人们的生活方式,促进技术的进步,并为各个行业带来重大的创新和发展机会。

1.1.2 6G的潜在应用场景

6G新一代网络是由创新应用驱动的。新应用和新技术的出现将塑造6G的性能目标,同时从根本上重新定义6G的标准服务。接下来,我们介绍推动6G部署的主要应用,然后讨论技术趋势、目标性能指标和新的服务需求。

1. 扩展现实

扩展现实技术是增强现实、虚拟现实和混合现实的统称。增强现实是将虚拟实体叠加到物理世界上。虚拟现实是创建完全虚拟的空间,通过头戴式显示设备体验沉浸式虚拟现实空间。扩展现实并不是将物理世界的内容和虚拟的内容简单的叠加在一起,而是通过实现虚实结合的多维度交互消除了物理世界和虚拟现实之间的界线。扩展现实通常需要传输和渲染大量的高分辨率、高帧率的图像、视频和其他多媒体数据,对数据传输速率、延迟和可靠性有更高的要求。目前部署的5G通信技术仍无法为用户提供完整的沉浸式扩展现实体验。扩展现实设备的激增将受到5G有限传输带宽的限制。6G通信技术通过整合网络的计算、存储以及通信资源,为扩展现实提供高带宽、低延迟以及高可靠的数据传输服务。除了在传统的视觉和听觉的体验上有较大的提升,扩展现实的完全沉浸式体验还需要考虑人类大脑认知、生理和姿势的变化。例如,通过精密的传感器捕捉用户的大脑、生理状态以及姿势的变化,可以自适应地调整与客户的交互方式,满足用户获得真实感和沉浸感的体验。

2. 全息交互

随着未来6G通信技术的高带宽、低延迟、高分辨率渲染能力的全面提升,未来全息交互技术能够实时投射全动态的三维图像,实现用户与三维图像进行实时的动态交互。全息交互技术通过高分辨率的摄像头捕捉人或物体的运动状态和声音,在真实环境中呈现接近真实的形象。全息交互需要传输丰富的细节,包括二维视频的帧率、分辨率数据和倾斜、角度和位置等体积数据。全息交互传输的数据量在压缩后也可能非常大,这需要更高频段的毫米波和太赫兹频谱来支持更高的传输速率来保障用户体验。全息交互在远程教育、医疗保健、工业生产、影音娱乐和许多其他领域发挥重要作用。例如,全息交互可以支持远程诊断、远程手术和远程护理等应用,实现优质医疗资源的共享和普及,为医疗资源缺乏的地区提供更优质的医疗服务。未来 6G 全息交互的发展需要保障数据传输的可靠性,包括降低数据传输的误码率,保证数据的准确性和完整性;提升抗干扰能力,有效排除复杂无线环境下的电池和噪声的干扰;建立安全的数据隐私保护机制。

3. 五感通信

五感是人类感知世界的主要方式,包括听觉、视觉、触觉、嗅觉和味觉。传统的听觉和视觉可通过语音、图像和视频的方式进行传输,未来 6G 通信技术进一步实现包括触觉、嗅觉和味觉在内的感官信号传输,即沉浸式五感通信。五感通信通过感知人体和环境的信息,并通过神经信号的传输来实现。五感通信为用户提供了个性化的定制方案,用户可以根据自己的偏好设置各种感官体验的参数。与扩展现实相结合,五感通信可以为用户提供实时和沉浸式的交互体验,使得交互更加真实和自然。用户可以通过视觉、听觉感知他人的情感变化,通过触觉感知他人的动作反馈,通过嗅觉感知环境气味的变化。五感通信将普遍应用于教育培训、远程办公、远程诊疗和影音娱乐等应用,为人们带来全新的交互方式和应用。例如,五感通信可以为医生和患者提供远程诊疗服务,医生可远程监测患者的体温、脉搏等生理参数,并通过视觉和听觉远程观察患者的症状、体征和精神状态,从而辅助医生进行个性化的医疗诊断。五感通信的传输对网络带宽和传输延迟提出了较高的要求。为了保持高可靠、低时延的服务性能,需要协调五感通信的同步传输和确保网络基础设施以及各类传感器的可靠性。

4. 生成式人工智能

随着大模型和深度学习等人工智能技术的发展,生成式人工智能通过利用大规模数据进行训练,模拟人类创造性的思维生成高质量和定制化的内容。随着规模效应的影响,生成式人工智能生成数据的边际成本接近于零。生成式人工智能具备广阔的发展和应用前景,有望为社会的各个领域和行业提供大量高质量和定制化的内容,显著地促进了社会生产力和数字化经济的发展。OpenAI 公司推出了 ChatGPT 聊天机器人,它在文本生成应用方面取得了显著的成功。ChatGPT 为客户提供了便捷的智能化对话体验和创造性生成工具。从新闻媒体内容、艺术创意创作等创意任务,到教育培训、医疗辅助诊断等专业任务,生成式人工智能具备广阔的应用前景。生成式人工智能正迅速成为创造个性化内容的关键技术,被认为是人工智能技术的革命性应用。随着 6G 通信技术的发展,生成式人工智能通过在网络边缘部署和应用,以降低时延,提高服务可靠性。通过边缘服务器提供的强大的计算和存储能力,大模型可以通过模型优化和压缩等手段以超低时延和超高可靠性的数据传输方式为用户提供高质量的服务,可以实现大模型的高效运行和为用户提供更好的用户体验。

5. 无线脑机接口

无线脑机接口是一种通过检测大脑电信号转化人类意图为控制信号的技术。无线脑机接口充当了大脑思维与外部设备和环境进行交互的桥梁。无线脑机接口可将采集的脑电信号进行分析并转化为控制指令，从而通过无线传输指令实现与外部设备和环境的交互。无线脑机接口可以让人们通过意图以更便捷和智能的方式来操控智能设备，包括智能家居、医疗康复和教育培训等活动中使用的设备。6G 支持异构设备的连接和协同交互，使得无线脑机接口可以同时与多个异构设备进行无线通信和交互。例如，一个用户可以通过无线脑机接口同时控制计算机、手机、穿戴式设备、智能家居等多个设备。无线脑机接口可以与其他传感技术相结合，实现多模态的人机交互。通过结合五感通信技术，用户可以通过五感通信与外部设备、人或环境进行交互。通过结合扩展现实技术，用户可以通过脑电信号与虚拟空间的个体和环境进行沉浸式交互。6G 通信技术将为无线脑机接口提供高可靠、低延迟的通信服务，有助于保障无线脑机接口的人机交互和用户体验质量。

6. 移动边缘智能

移动边缘智能是指将人工智能技术应用部署在边缘设备或边缘服务器上，使其能够实现分布式的感知、训练和推断能力。随着移动智能设备的普及和新型应用的发展，如自动驾驶、无人机巡检、元宇宙等，移动边缘智能服务具有潜在的发展前景。这些智能应用服务需要大规模的数据采集、模型训练和推断，如机器视觉、点云数据重构、自然语言处理、运动控制等。由于移动设备受到计算、通信、存储以及能耗的限制，6G 通信技术将以人工智能即服务的方式提供移动边缘智能服务，利用中心云、边缘服务器和终端设备的分布式计算、存储和通信资源，建立高可靠、低时延的数据感知、模型训练和推断机制。边缘智能服务将把数据感知和模型训练任务卸载到边缘服务器或边缘设备上进行。这种分布式计算模式降低了数据传输的延迟，使得人工智能应用能够实时地对数据进行处理和响应，减少了传输延迟。移动边缘智能服务使得数据的感知、训练和推断能够在网络的边缘进行，减轻中心云的负载。边缘智能服务可以在边缘设备上进行数据的本地化训练，如联邦学习。减少了敏感数据在网络中传输的风险，有助于提高数据的隐私和安全性。

7. 元宇宙

随着扩展现实、五感通信、区块链和人工智能的技术发展，元宇宙为用户提供一种互可操作的、沉浸式的虚拟世界。元宇宙是一个整合了感知、通信、计算、存储的数字化生态系统。用户通过虚拟现实头盔、手机、电脑等个人设备接入元宇宙。用户可以在元宇宙中创建虚拟的角色和身份进行内容创作、社交娱乐、资产交易等活动。例如，师生可以在元宇宙中开展身临其境的教育活动。老师可以通过虚拟实验等方式为学生讲解科学知识，提高学生学习兴趣和效率。区块链是元宇宙的支撑技术之一，使得元宇宙具有去中心化的特点。用户在元宇宙中可以创造、共享或交易自己的数据和数字资产。去中心化的设计使得元宇宙具有独立闭环的经济体系和公开通明的运行规则。6G 通信技术强大的边缘计算能力为元宇宙提供更强大的计算能力和更好的用户体验。6G 为元宇宙提供了高带宽、高可靠和低延迟的通信服务,支持海量用户和设备接入元宇宙。6G 有利于元宇宙创建一个跨越不同设备和系统的互联互通的网络,提升了人与元宇宙之间的交互方式。

8. 全球覆盖

随着人类活动的范围逐步扩展到广袤的偏远地区,如石油勘探、极地科考、边境守卫、远洋运输等。由于人烟稀少和复杂地理环境,偏远地区通信基础设施建设相对落后。偏远地区拥有丰富的风能和太阳能资源,已经成为重要的新能源产地。在偏远地区部署的光伏和风电设备存在通信服务的需求。因此,构建一个为沙漠、南极、边境、海洋等偏远地区的人类活动和设备提供网络接入服务的全球覆盖网络具有重要的意义。全球覆盖结合地面基站、高中低轨卫星、无人机、高空热气球、智能浮标等通信设备,为部署在偏远地区的人类和设备提供大规模、高可靠、低时延的无缝接入服务。为了克服自然灾害、边境安全的挑战,全球覆盖可以保障偏远地区的基础通信服务、紧急救援服务和后勤保障服务。全球覆盖可以促进教育和医疗资源的合理配置,全球覆盖可以为偏远地区的人民提供更广泛的远程教育和远程医疗服务。通过无处不在的接入服务,偏远地区的人们可以享受在线教育服务和在线医疗诊断服务,弥补地理因素导致的资源配置不均衡。

1.2　6G 的主要特点和需求

1.2.1　泛在智能

20 世纪 80 年代,1G 模拟无线蜂窝网络被用于实现语音的移动通信,然后在 90 年代初被 2G 数字蜂窝网络取代。除传统的语音和短信服务外,2G 还能提供加密服务和数据服务。21 世纪初,3G 实现了互联网接入、视频通话和移动电视。在 2009 年启动的 4G 实现了高速移动数据传输,在技术和商业上都取得了重大成功。随着智能手机和平板电脑的普及,4G 移动通信已成为主流,提供了大量的数据吞吐量。如今,随着 5G 大规模商业化,5G 将开启一个万物互联的新时代,5G 提供了三种典型的业务:增强型移动宽带、超可靠低延迟通信和海量机器类通信。6G 在 5G 基础上实现物理世界的数字化,并融合深度学习、数字孪生、区块链等技术,实现泛在智能和泛在连接[7]。6G 将搭建一个物理世界数字化的虚拟世界,也称为元宇宙。元宇宙的人机物之间的联系可通过虚拟世界来传递信息。虚拟世界是对物理真实世界的感知、模拟、预测、验证和控制。虚拟世界精确地同步物理世界的状态,并作出精准的预测、仿真和验证,从而进一步提升人类生活质量,提高社会生产和治理的效率。

(1)知识驱动的泛在智能

未来 6G 通信技术将全面支持知识驱动的泛在智能。传统的分布式网元节点往往只拥有局部的网络数据和控制权,无法从全局的角度去优化网络。分布式的网络系统是将人工智能应用于网络的管理和控制的最大挑战之一。网络控制逻辑的集中化是 6G 网络的发展趋势。这将减轻分布式网络系统控制的复杂性。软件定义网络将控制与数据平面分离,具有集中式的网络逻辑控制平面。知识驱动的泛在智能把软件定义网络和人工智能相结合。通过软件定义网络提供的全局视图和网络控制,系统可以收集丰富的全局网络数据。系统根据这些数据进行基于人工智能的数据分析,并通过深度学习提取抽象知识。借助这些知识,系统能够做出全局最优的决策,并实现高效的网络编排。未来 6G 通信技术将全面支持从核心网到终端设备的人工智能服务。海量的网元节点具备丰富的计算、存储、通信和数据资源,具备自主学习、自主感知、自主决策的能力,从而使知识驱动的泛在智能能够解决复杂场景的通信和网络的优化问题。

(2)按需服务的泛在智能

按需服务的泛在智能利用人工智能技术进行数据分析,实现高效的网络资源配置和调度,为用户提供定制化的资源配置服务。6G 通信技术将支持空-天-地-海异构网络的新兴应用场景。这些复杂多变的应用场景有个性化的性能要求,对网络的资源配置和调度提出了巨大的挑战。按需服务的泛在智能利用人工智能算法进行数据分析,对异构网络进行深入挖掘和分析,提前预测不同应用场景下的资源需求和使用情况。通过精确的资源配置和调度,按需服务的泛在智能可以提高网络资源的利用率,避免资源浪费。按需服务的泛在智能应具备实时自主决策的动态管控能力,适应不同应用场景的需求变化。按需服务通过预测用户个性化的应用需求,提前进行资源配置和调度,实现用户业务和内容的无缝衔接。此外,按需服务的泛在智能根据业务的数据流来提供颗粒度更小的网络编排服务。系统根据业务数据流的时延敏感性、可靠性和实时性等需求进行业务优先级和服务组合的编排,从而提高网络整体性能和效率。

(3)内生安全的泛在智能

未来 6G 网络架构将更加开放,网元类型更加多样化,这带来了不可预测的网络安全风险和威胁。再者,未来网络将与人工智能深度融合,可能会引发新的与人工智能相关的攻击。当前的安全机制在复杂网络环境下的安全保障方面存在明显的弱点。内生安全的泛在智能指的是在泛在智能环境中,系统通过设计安全机制提供主动免疫、主动防御和自我修复的能力来应对复杂环境下未知的安全威胁。泛在智能利用人工智能技术主动发现潜在的威胁。在网络受到攻击或遭遇故障时,系统能够具备自我修复能力,快速恢复正常运行。另一方面,泛在智能需要解决数据的安全和隐私问题,应考虑在网络内部构建以安全和隐私为设计原则的安全和隐私框架。例如,构建联邦学习框架的泛在智能有助于解决数据滥用和隐私泄露问题。

1.2.2 虚实融合

虚实融合技术包括增强现实、虚拟现实以及混合现实等,旨在创造出一种沉浸式和身临其境的交互体验。虚实融合是未来6G应用的大趋势,虚拟经济和实体经济将在各种应用中深度融合,创造新的数字资产和价值。虚实融合是6G的一个重要应用领域,典型的虚实融合应用包括扩展现实、元宇宙和数字孪生等。一方面,虚实融合需要智能感知设备采集现实世界的数据。数据经过预处理后与由边缘计算基础设施进行大规模的渲染和融合。另一方面,虚实融合需要人机交互技术使用户能够更沉浸式地与虚实融合的应用进行交互,如手势识别、眼球追踪、无线脑机接口、五感通信等多种新型交互方式。虚实融合是由智能感知、边缘计算、数字孪生以及区块链等关键技术作为技术支撑。

（1）基于智能感知的虚实融合

智能感知是虚实融合的基础。一方面,虚实融合需要实时收集现实世界的信息,包括人、机器和周围环境的状态信息。智能感知是数据同步、虚实交互的基础。为了保证收集信息的准确性,可以采用群智感知的方法激励用户贡献他们采集的数据。另一方面,手势识别、眼球追踪、无线脑机接口和五感通信等对人体脑电信号、感官以及动作的感知可以丰富虚实交互的应用,提升用户沉浸式虚实交互的体验。感知数据具有时效性,并且容易受到网络条件的限制。为了实现沉浸式虚实融合的体验,实时处理感知数据变得至关重要。虚实融合需要引入边缘计算来保障实时性、低时延和高可靠。

（2）基于数字孪生的虚实融合

未来6G进入虚实融合的数字化时代,基于数字孪生的应用范围涵盖了多个领域,如智能制造、城市规划、智能交通、智慧医疗等。数字孪生技术是建立真实世界的物理实体与虚拟世界的虚拟实体之间联系的一种方式。数字孪生创建一个实时仿真系统,提供精确的建模、分析、仿真和预测服务。数字孪生通过传感器采集数据进行数据实时同步,校准数字模型,更新数字孪生的状态。再者,基于采集的数据,数字孪生可进行实时仿真和模拟,并预测在不同条件下的工作状态和性能,得到不同的仿真结果。通过比较仿真结果和实际结果,数字孪生可以改进物理实体的设计、管理和决策,以提升系统的运行效率。数字孪生技术可以更好地理解和掌握物理实体的运行机理、优化方案和决策支持,从而提高效率、降低风险,并推动创新和发展。

（3）区块链赋能的虚实融合

区块链赋能的虚实融合使得虚拟经济具有公开通明的运行规则。区块链技术是一种分布式的账本,记录了所有参与者的交易和活动。区块链具有去中心化、不可篡改、透明性和可审计性等特点。区块链不可篡改的特点为虚实融合的虚拟经济和数字资产的交易提供保障。用户可以校验交易的有效性,确认数字资产的真实性以及追溯交易的历史。为了保障数据的安全和隐私保护,区块链赋能的虚实融合可以避免单点攻击、数据隐私泄露和数据滥用等中心化风险。通过利用密码学和分布式账本技术,区块链确保了虚实融合中数字资产的安全性和真实性。通过去除第三方信任机构,区块链赋能的虚实融合可以实现点对点的直接交易。这意味着用户可以直接进行数字资产的交易而无需信任第三方机构,提升了数字资产交易的效率。

1.2.3　安全性和可靠性

6G 网络依赖于人工智能模型的训练和决策,需要收集大量传感器的数据,涉及敏感的隐私信息。如何防止恶意攻击者非法访问、数据滥用和泄露隐私是一个重要的挑战。数据滥用和隐私泄露是阻碍人工智能发展的重要瓶颈。以联邦学习为例,为了保障数据的安全性和隐私保护,联邦学习可以在不上传敏感数据的情况下完成分布式模型训练。然而,传统的联邦学习仍需要中心聚合服务器,仍面临着单点故障、中毒攻击等风险。

预计 2030 年将有数百亿的设备连接入 6G 网络。这对 6G 网络的容量、数据的安全性、敏感数据的隐私保护等关键安全问题提出了更高要求。包括随着各行业的具体业务场景与 6G 网络深度耦合,网络的安全性和可靠性是 6G 网络安全的基本要求。基于上述分析,6G 在安全性和可靠性方面,应该具备以下功能:一是去中心化,去中心化的区块链技术为物联网设备提供信任的环境;二是零信任机制,零信任机制要求网络所有个体和设备访问网络之前都必须经过身份校验,以防止未经授权的个体和用户访问网络,提高了网络的安全性和可靠性;三是差分隐私,利用差分隐私技术,保护共享数据和模型用户的隐私安全;四是信誉值机制,通过实时监控网络个体的行为和身份状态,及时发现恶意的攻击行为,排除潜在安全风险。

（1）区块链

区块链是一种去中心化的分布式账本。6G 网络架构通过引入区块链技术,可有效避免单点故障的风险。区块链的加密算法和防篡改特性可有效加强网络和数据的安全性。区块链具备匿名性和可追溯的特点,可保护用户的隐私信息和增加区块链信息的可信度。区块链的智能合约可按照公开的规则自动执行,而无需第三方信任机构,这确保了合约的可靠性,防止恶意攻击者操纵合约逻辑或数据。区块链为 6G 缔造了可信可靠的信任环境,使得网络中的海量设备和软件能够在安全的环境下运行。

（2）零信任机制

在 6G 网络建立零信任机制,即要求出入网络的任何用户、设备和内容都要进行严格的认证和授权。零信任机制根据用户的身份动态调整用户的访问权限,减少潜在的风险。零信任机制持续监测网络中的威胁,并在存储和传输过程中采用严密的加密算法和安全协议,提高网络的安全性和可靠性。零信任机制建立一种数据驱动的全新边界,通过加强身份验证与授权的方式降低网络潜在的风险和保护数据的安全。

（3）差分隐私

差分隐私是未来 6G 网络中具有应用前景的隐私保护技术。差分隐私技术可以在共享数据之前对敏感信息添加噪声或扰动来隐藏敏感的信息,从而保护用户的隐私。另一方面,差分隐私为联邦学习提供了一种有效的隐私保护机制。通过在上传模型之前在模型参数中添加噪声,差分隐私可以阻止恶意攻击者利用机器学习模型来推断模型中的隐私信息,从而保护个体的隐私。

（4）信誉值机制

6G 网络中存在着海量的异构网络设备,难以统一管理。因此,建立有效的信誉值机制能以建立安全、可靠的网络环境,促进网络资源共享、任务卸载和模型训练等合作行为。信誉值是对个体行为的评估指标,用于衡量其可信和可靠的程度。系统可通过收集个体的行为数据和其他个体对其评价的数据。系统经过综合分析后可以及时地判断该个体是否存在安全风险或恶意行为并采取相应的安全防护措施。信誉值机制对友好合作的个体和恶意违规的个体作出相应的奖惩措施,提高网络的安全性和可靠性。

1.3　6G 可信可靠关键技术

1.3.1　区块链

随着比特币、以太坊、超级账本和 FISCO BCOS 等区块链开发项目的飞速发展,区块链技术在 6G 中的定位和作用逐渐引起政府机构、科研学术单位和企业的重视。全球各个国家和地区正加快战略布局,积极推进以区块链技术为基础的数字经济的发展。区块链技术具有去中心化、不可篡改、匿名、可追溯和可编程等特点,被认为是网络安全和数据隐私保护方面不可或缺的基础。区块链技术在应用研究与产业生态方面也在逐步成熟,如医疗保健、供应链、金融等领域。区块链被认为是将当前的信息互联网转变为信任互联网的关键技术。区块链将在 6G 的发展中持续发挥重要的作用。

6G 将在各个层面上更深入地融入人工智能,旨在实现泛在智能的愿景。然而,人工智能应用的优化、分布式人工智能的有效性以及泛在智能的可扩展性都面临了巨大的挑战。区块链被发现是应对这些挑战的合适解决方案。例如,区块链有效地解决人工智能的模型训练中需要安全数据交换的问题以及联邦学习方案中需要保护设备上传模型的隐私问题。传统的联邦学习存在单点故障、安全和隐私泄露问题。首先，模型的收集者无法获得所有用户的信任，上传的模型参数可能被修改或窃取。其次，传统的联邦学习利用集中式服务器进行模型聚合，容易受到单点故障的威胁。再者，集中式服务器容易遭遇单点故障和性能瓶颈。凭借去中心化、不可篡改和可追溯等特点，区块链赋能的联邦学习可以有效地解决上述问题。区块链赋能的联邦学习可以保护数据的隐私安全避免被恶意攻击。区块链通过去中心化的账本来提升联邦学习的可靠性，避免单点故障。区块链可以监测和记录参与者的行为。通过行为评价，区块链可以迅速地识别出恶意攻击者。

区块链未来的发展方向包括区块链生态融合和区块链分片技术。区块链被应用于各个通信领域，包括边缘计算、智能电网、群智感知、智慧医疗、车联网等。不同领域的区块链信息交互变得尤为重要。不同种类和应用的区块链系统的交互问题亟待解决。跨链的通信协议被认为是解决区块链生态融合的关键技术。另外，如何提升区块链的吞吐量和降低时延成为区块链未来发展的重要方向。传统的公共区块链需要消耗大量时间和资源去完成交易验证。比特币需要10分钟才能出一个块，吞吐量和时延远远达不到应用的要求。因此，区块链分片技术应运而生，采用分而治之的思想，通过独立并行的方法去验证交易。

1.3.2　隐私计算

隐私计算是指在保护数据隐私不泄露的情况下实现数据处理、分析和共享的技术，达到对数据兼顾使用和隐私保护的目的。隐私计算可在充分保护数据和隐私安全的前提下，实现数据价值的转化和利用。

根据中国信息通信研究院的《隐私计算白皮书(2021)》，隐私计算融合众多学科的技术。从技术角度出发，隐私计算主要分为三个大类：第一类是融合密码学和数据计算的隐私计算技术；第二类是基于可信硬件的隐私计算技术；第三类是融合人工智能与隐私保护的隐私计算技术。

第一类隐私计算技术主要基于密码学，通过在计算过程中对数据进行加密从而保护用户隐私。典型的代表为多方安全计算和同态加密等。多方安全计算(Secure Multi-Party Computation)由图灵奖获得者姚期智院士于1982年通过提出和解答百万富翁问题而创立，由多个参与方共同计算一个目标函数，且在没有可信第三方的条件下，保证每一方仅得到各自的计算结果，无法推测其他参与方的隐私数据。同态加密(Homomorphic Encryption)可以保证不需要密钥对数据加密并进行计算，并且计算结果也是加密的，需要使用密钥才能解密成明文。

第二类隐私计算技术主要基于软硬件平台的方式实现,典型的代表为可信执行环境(Trusted Execution Environment,TEE)。可信执行环境构建一个完全隔离的安全区域,保证计算代码和数据的机密性和完整性,从而保护用户隐私。

第三类隐私计算技术,典型的代表为联邦学习和协同推断。联邦学习(Federated Learning,FL)使得多个用户在不暴露个人数据的条件下,为中心完成人工智能模型的训练。在学习过程中,用户仅分享模型训练的计算结果,保留个人数据在本地,从而保护隐私。协同推断(Collaborative Inference)是在人工智能模型的推断过程中,把模型切分成两部分,分别由用户和中心分别执行。在推断过程中,用户仅分享模型的中间计算结果,保留个人数据在本地,达到保护个人隐私的目的。

不同隐私计算技术往往可以组合使用,在保证数据计算的准确性和效率的同时,尽可能地提高数据隐私安全。

1.3.3　零信任网络

传统网络模型假设组织系统网络内的所有事物都可信任,没有考虑威胁者或者组织内恶意人员可能横向移动或泄露数据,从而造成网络系统瘫痪。零信任网络访问(Zero-Trust Network Access)认为:不能信任出入网络的任何内容,应当创建一种以数据驱动为中心的全新边界,通过加强身份验证与授权的方式保护网络内部的数据与应用。面向6G内生安全的需求,零信任网络将成为6G网络的基础属性,搭载于6G通信的各类应用将面对更加复杂的网络环境。本书第四部分将介绍面向6G零信任网络的可信可靠智能服务,主要对零信任网络研究现状进行调研,并提出零信任环境下的切片管理和可信接入方法。

1.3.4　数据价值评估

在人工智能和数字经济时代,数据成为一种宝贵的资源。数据资产是一种新的资产形式,如何对其进行价值评估成为数据资产化的核心环节。文献[8]和德勤 & 阿里研究院发布的《数据资产化之路——数据资产的估值与行业实践》研究报告指出,影响数据资产价值的主要因素包括质量维度、风险维度和应用维度。数据资产质量价值的影响因素包括真实性、完整性、准确性、数据成本、安全性等。数据资产的风险主要源自所在商业环境的法律限制和道德约束,其对数据资产的价值有着从量变到质变的影响,在数据资产估值中应予以充分考虑。数据资产应用价值的影响因素包括稀缺性、时效性、多维性、场景经济性。

国内外学者和机构评估数据资产价值的方法主要有成本法、收益法、市场法。

（1）成本法

成本法的理论基础为无形资产的价值由生产该无形资产的必要劳动时间所决定,是从资产重置的角度估值的方法。在成本法下,重置成本减去无形资产的贬值等于无形资产价值。重置成本主要包括合理的成本(如直接成本、间接成本、机会成本)、利润和相关税费。无形资产的贬值通常考虑三个方面:功能性贬值、实体性贬值和经济性贬值。

（2）收益法

收益法的理论基础为无形资产的价值由其投入使用后的预期收益能力体现,其适应于基于目标资产预期应用场景。收益法下衍生的无形资产估值方法主要有:权利金节省法、多期超额收益法和增量收益法。权利金节省法是基于因持有该项资产而无需支付特许权使用费的成本节约角度的一种估值方法。多期超额收益法是通过计算该项无形资产所贡献的净现金流或超额收益的现值的一种估值方法。增量收益法是通过比较该项无形资产使用与否所产生现金流差额的一种估值方法。

（3）市场法

市场法是基于相同或相似资产的市场可比交易案例的一种估值方法。综合考虑市场交易价格、无形资产的性质和市场条件差异等因素,对目标无形资产的价值进行调整和计算,最终形成市场价值。只有标的资产或其类似资产存在一个公开、活跃的交易市场,且交易价格容易获取,那么市场法才能够被广泛应用。目前,我国已在贵州等地设立了多个数据交易中心,数据交易估值会随着数据交易中心等的探索而不断完善。

除了上述三种方法以外,基于深度学习、信息熵等新技术的数据资产价值评估方法逐渐得到落地与实践。

本 章 小 结

本章内容为 6G 可信可靠智能概述。首先,提出了 6G 发展愿景及其典型场景,包括扩展现实、全息交互、五感通信等。其次,介绍了 6G 的主要特点和需求,包括泛在智能、虚实融合以及 6G 对安全性和可靠性的要求。为讲述如何实现 6G 的主要特点和需求,进一步介绍了 6G 可信可靠的关键技术,包括区块链、隐私计算、零信任网络以及数据价值评估。

第 2 部分
融合区块链的可信可靠智能

第2章

区块链技术概述

2.1　区块链技术基础

　　区块链是一个通过去中心化、去信任的方式分布式地维护一个数据库的技术方案。去中心化是指网络中没有中央化的控制管理机构,区块链网络的每个节点的地位都是平等的,并且网络中任意一个节点出现瘫痪和异常的情况都不影响整个网络的运行。去信任表明区块链中的节点之间不需要互相信任,同时也不需要第三方信任机构的参与。公共区块链是公开且透明的,交易数据是可追溯的、不可篡改的。每个区块记录了某段特定的时间内发生的一组交易,这组交易通过密码学方法加密并打包到一个区块中。在区块连接到区块链之前,区块中的交易需要通过无信任代理之间的分布式共识进行验证。区块链已被广泛应用于各行各业,如金融、供应链、医疗、车联网[9]等。区块链的主要特点如下。

　　(1) 去中心化网络

　　基于分布式系统架构对数据进行验证、记录、存储、维护。区块链节点的地位、权利和义务是平等的,共同维持整个网络,不存在中心化的节点。区块链中的每一笔交易必须通过共识机制进行验证。这样一来,区块链网络就可以排除集中式网络中的垄断行为。

　　(2) 防篡改的账本

　　由于区块链中使用了哈希函数等加密技术,如果有节点篡改了数据,那么区块链中的所有节点都可通过哈希值序列认识到区块链中的交易数据被篡改。这表明区块链中记录的交易数据是不能被篡改的。

　　(3) 交易数据透明

　　区块链中的每一条交易数据都可以进行查询。链上的交易数据对区块链的节点是透明的。交易数据永久记录在由全网节点共同维护的账本中。用户可以追溯每一条交易记录。

（4）去信任交易

区块链通过使用数字非对称密钥签名,保证只有拥有非对称密钥对的发送方和接收方才能执行交易,而无需任何第三方信任机构参与到交易中。基于工作量证明的共识算法可有效地抵御恶意攻击者,使得数据难以篡改、伪造,保障了数据的安全。

（5）可编程

区块链技术可提供图灵完备的脚本程序,开发者可以开发出自己高级应用程序,并将程序部署到区块链中,生成去中心化应用。开发者可在区块链网络运维分布式的应用。

2.1.1　加密数据结构

加密数据组织在区块链结构中起着极其重要的作用。区块链数据结构如下。

（1）交易数据

交易数据是区块的最基本组成部分。区块链用户提出的交易由交易数据组成。交易数据包括加密货币中的数字代币、发送方和接收方的地址、相应的交易费用。

（2）区块

区块由区块头和一定量的交易数据组成。区块头包含哈希树和哈希指针。

（3）哈希指针

区块的哈希指针包含前一个区块关联的哈希值,该哈希值还包含指向该区块之前的区块的哈希指针。因此,哈希指针可用于构建记录的链接,即区块链。

（4）Merkle 树

Merkle 树或哈希树是一个树结构,其中每个叶节点由区块的交易数据的哈希值标记,并且那些非叶节点由其子节点的串联的哈希值标记。这种结构设计使得区块链上的数据无法被篡改。

典型的区块结构如图 2.1 所示。区块结构主要包括两个部分:区块头和区块体。区块头包括前一个区块的哈希值、当前区块的哈希值、时间戳、随机数和 Merkle 根。区块之间通过哈希值来连接。区块链的第一个区块被命名为创始区块。时间戳表示此区块的创建时间。随机数是挖矿要解决的数学问题。Merkle 根是 Merkle 树的根。Merkle 树使用哈希二叉树来存储按时间戳排序的交易数据。通过这种方式,可以快速、有效和安全地验证交易的存在和完整性。

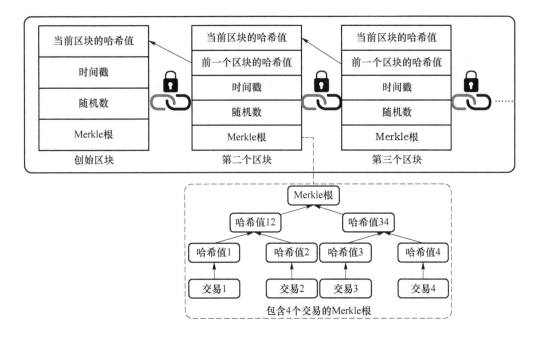

图 2.1　区块链数据结构的说明性示例[9]

2.1.2　哈希函数

哈希函数又称为散列函数或者散列算法。针对任意大小的输入,哈希函数可将其映射到固定大小范围的输出。哈希函数可以把消息或者数据压缩成摘要,使得数据量变小,而且输出数据的格式是固定的。哈希函数返回的值称为哈希值。哈希值通常由一个短的随机字母和数字组成。哈希函数通常与哈希表结合使用,哈希表是计算机软件中用于快速查找数据的通用数据结构。哈希函数通过检测大型文件中的重复记录来加速查找表或数据库。哈希函数在密码学中也很有用。加密哈希函数可以容易地验证一些输入数据是否映射到一个给定的哈希值。如果输入的消息或者数据是未知的,那么想通过已知的哈希值来重构输入的数据或者消息是非常困难的。因此,这个不可逆的特性可以用于确保传输数据的完整性并且提供消息认证。

从本质上讲,哈希函数需要满足以下属性。

（1）确定性

如果把两个原始值输入同一哈希函数中,生成的两个哈希值是相同的,那么这两个哈希值的原始值也是相同的。否则,两个原始值是不同的。具有这种确定性的哈希函数称为单向哈希函数。

（2）均匀度

哈希函数应该以大致相同的概率生成输出范围中的每个哈希值。随着映射到相同哈希值的输入的碰撞对数量的增加,基于哈希的方法的成本急剧上升。如果某些哈希值比其他哈希值更可能发生,那么大部分的查找操作将不得不搜索更大的冲突列表。

（3）固定大小

通常哈希函数的输出具有固定大小。例如,如果输出被限制为 32 位整数值,那么可以通过哈希值来索引查找数组。这种哈希函数通常用于加快数据搜索的速度。

（4）不可逆性

在加密哈希函数的应用中,哈希函数是不可逆的。这意味着从哈希值重构输入数据而不花费大量计算时间是不现实的。

2.1.3　数字签名

数字签名是一种用于验证数据信息或者文档真实性的数学方法。数字签名的实现需要通过公钥加密技术,可以用于数据信息或者文档发送方的身份验证。满足验证要求的数字签名可以使得数据信息接收者充分相信该数据信息是已知的发送方创建的,并且可以验证该数据信息在传输过程中的完整性(是否被篡改)。数字签名是大多数加密协议的一个基本元素,通常用于软件分发、金融交易以及检测数据信息是否被伪造或篡改的情况。数字签名采用非对称加密技术。数字签名为通过非安全通道发送的消息提供了一层验证和安全性。数字签名可以让信息的接收方有理由相信该信息是由发送方发送的。此外,一些不可否认方案为数字签名提供时间戳,因此即使私钥被暴露,签名也是有效的。数字签名的消息可以是任何可表示为比特串的消息,如电子邮件、合同或通过其他加密协议发送的消息。

在区块链网络中,共识节点通过数字签名校验交易的合法性,包括身份确认、验证信息真实性和完整性。非对称加密算法有一对密钥(公钥和私钥)。通常数据消息是用公钥进行加密,而只有用配对的私钥才可以解密。反之亦然,如果数据消息用私钥进行加密,那么只有用配对的公钥才能解密。

常用的非对称加密算法如下。

（1）RSA 算法

RSA 算法在公开密钥加密和电子商业中被广泛应用。RSA 算法难以被破解的原因是对极大的整数做因数分解是非常困难的。给定两个数 m、n 很容易相乘得到 o,而反向操作对 o 进行因式分解却是非常困难的。

（2）椭圆曲线密码编码学

椭圆曲线因为用二元三次方程 $y^2 = x^3 + ax + b$ 来表示,类似椭圆周长计算方程而得名。公开密钥算法要基于一个数学难题,椭圆曲线算法就是基于离散对数问题。在有限域上的椭圆曲线同样有加法,但已经不能做几何意义的解释。

2.1.4 共识机制

区块链需要一套共识机制来维护区块链的安全性、公平性和公信力。共识机制在区块链中是不可或缺的。在现有的系统中,常用的共识机制有基于工作量证明、基于权益证明、授权权益证明、实用拜占庭容错和授权拜占庭容错。

(1)基于工作量证明

基于工作量证明是比特币应用最广泛的共识机制。矿工节点需要解一个复杂的随机数学问题才能获得记账权。这个数学问题的答案能够被服务方迅速验证。矿工通过付出大量的时间和计算资源去解决数学难题,这些代价作为担保成本可以抵御恶意的攻击风险。基于工作量证明被广泛应用在公共区块链,包括比特币和以太坊。尽管工作量证明被加密货币广泛应用,但是它消耗巨大的能量并且增加了验证交易的延迟。

(2)基于权益证明

权益证明是应用在加密货币最普遍的共识机制之一。基于权益证明的共识机制解决了工作量证明高能耗的问题。节点被挑选为共识节点的概率取决于其权益的大小,权益可以是加密货币方面的财富。所选节点将使用数字签名来证明其具备所有权,而不是解决复杂的哈希问题。权益证明在安全保障、去中心化、节约能源方面具有显著优势。但是权益证明存在验证者投票积极性不高的问题。

(3)授权权益证明

授权权益证明是基于权益证明改进的共识算法。与直接民主的权益证明不同,授权权益证明是代表性的民主。这意味着一部分节点选择一个节点作为委托人来作为共识节点,负责校验和生成区块。由于共识节点的数目可调节,授权权益证明比基于权益证明和基于工作量证明的吞吐量要更高。但是,授权权益证明使得区块链更加集中。如果某些共识节点有异常表现,其他节点可以表决异常委托人,并把它替换。目前,名为BitShares 的加密货币使用这种共识方法。

(4)实用拜占庭容错

实用拜占庭容错是一种在异步环境下解决拜占庭将军问题的一致性算法。1999 年,卡斯托与李斯克夫提出了实用拜占庭容错算法。与应用在公共区块链的基于工作量证明和基于权益证明不同,实用拜占庭容错机制应用在典型的超级账本中。只要网络有超过三分之二的正常节点,实用拜占庭容错便可正常运作。实用拜占庭容错能提供高性能的运算,使得系统可以每秒处理成千的请求,比基于工作量证明和基于权益证明快很多。超级账本采用了实用拜占庭容错,为验证点提供了智能合约,会员服务和插件式一致性算法以及其他方面。

　　（5）授权拜占庭容错

　　授权拜占庭容错机制的提出是因为实用拜占庭容错机制的可扩展性受到限制。授权拜占庭容错机制是从候选的节点中选举出共识节点。被挑选的共识节点执行实用拜占庭容错机制完成共识过程。这些预选共识节点是通过委托投票选出来，并在区块链中达成共识。新的区块需要超过三分之二的共识节点验证后才能添加到区块链上。授权拜占庭容错可以有效地防止区块分叉的发生。授权拜占庭容错减少了区块验证时间，抑制了大多数恶意的节点。

2.1.5　智能合约

　　Nick Szabo 于 1994 年提出了智能合约这一概念，并将智能合约定义为传播、执行以及验证合同条款的计算机交易协议。基于智能合约的交易是透明的、可追踪的、不可逆转的。提出智能合约的目的是保障交易的安全性，并减少交易中的相关成本。智能合约的工作原理难以实现的原因是缺乏可支持编程合约的数字系统和技术。区块链技术的诞生不仅解决了可支持编程合约的技术问题，还具备不可篡改、分布式、透明可追溯等优势。

　　在区块链中，智能合约是存储在区块链中的脚本。智能合约被认为是类似于关系数据库管理系统中的存储过程。因为智能合约存储在区块链上，因此它们具有唯一的地址。我们通过执行交易来触发智能合约，它根据触发交易中包含的数据，以规定的方式在网络中的每个节点上独立且自动地执行。这意味着区块链上的每个节点都在运行虚拟机，那么整个区块链网络就是一个分布式的虚拟机网络。智能合约允许在链上进行通用的计算。智能合约是驻留在区块链上的自组织脚本，允许多步执行的分布式操作。智能合约具有以下特点。

　　（1）具有确定性

　　智能合约的内容必须是确定的。换句话说，在智能合约中有相同的输入将会产生相同的输出。如果一个非确定性的智能合约被部署在区块链网络中。当它被触发时，它将在网络上的每个节点上执行，并可能返回不同的随机结果，从而会导致区块链网络无法就其执行结果达成共识。在一个正确构建的区块链平台中，非确定性的智能合约是不可能通过的。

　　（2）支持账户模型

　　智能合约有自己的状态，可以保管区块链上的资产。智能合约在区块链上有自己的账户，区块链支持基于账户的模型。

（3）具有透明性

智能合约被分布式地部署在区块链上，因此区块链网络中每个节点都可以检查智能合约的代码。

（4）可追溯

由于智能合约的所有交互都是通过区块链上的签名消息进行的，因此所有区块链网络节点都可以追溯经过加密的智能合约的操作。

2.2　区块链的种类

目前，至少有四种类型的区块链网络——公共区块链、私人区块链、联盟区块链和混合区块链。

2.2.1　公共区块链

公共区块链是真正去中心化的，所有成员都可以参与发布新区块和访问区块链内容。公共区块链又被称为无许可区块链，因为它允许任何人维护区块链的账本并参与验证新块。公共区块链实施的示例有加密货币网络，如比特币、以太坊等。在公共区块链网络中的设备可以选择主动验证新区块或简单地在其中发布交易。在公共区块链中发布新的区块需要高昂的计算成本，或质押自己的加密货币。每笔交易都有附加的处理费，这可以作为对尝试将新区块发布到区块链上的对等方的激励。这可以防止公共区块链被黑客入侵，因为篡改其内容的成本太高。由于去中心化共识涉及成千上万的其他对等方，每笔交易都包含交易费用，作为对验证交易进入新区块的对等方的激励。

公共区块链不需要在任何受信任的第三方机构下运行。公共区块链是公平公开的，所有人都可自由访问、可发送、接收、认证交易。另外，公共区块链亦被认为是"完全去中心化"的区块链。公共区块链的代表有比特币、以太坊、EOS 等，它们之间存在不同的架构。举个例子说，以太坊是一条公共区块链，在以太坊链上运作的每一项应用都会消耗这条链的总体资源。EOS 只是一个区块链的基础架构，开发人员可以自由地在 EOS 上创建公链，链与链之间不会影响彼此拥有的资源，换言之不会出现因个别应用资源消耗过多而造成网络拥挤。公共区块链的特点如下。

（1）具有安全性

目前，公共区块链主要采用基于工作证明的共识机制，可抵御 51% 的算力攻击风险。

（2）门槛低

公共区块链是公平且公开的，所有人均可自由访问。

（3）具有透明性

尽管公共区块链的使用者可以匿名，但是公共区块链的每个使用者可以观察所有其他账户的余额和其他交易活动。

基于上述 3 个特点，公共区块链的典型应用有比特币和以太坊。

2.2.2　私人区块链

与公共区块链相比，私人区块链是访问受限制的区块链。每个加入网络的节点都是经过授权的节点。私人区块链一般用于企业私人定制的区块链解决方案，用于分布式记录公司内部不同部门或部门和个人之间的数据交换。与公共区块链不同，私人区块链不需要发行代币即可运行，其中的数据交换也无需额外的处理费。由于区块发布的权力只掌握在网络的少数委托节点手中，所以私人区块链的安全性和防篡改性与公共区块链相比要差一些。私人区块链可根据需求恢复到过去任何时间点的版本。私人区块链的写入权只掌握在少数的节点手中，大部分的参与者没有写入权。私人区块链的特点如下。

（1）交易处理速度快

由于私人区块链有身份认证的限制，其规模有限，私人区块链的交易处理速度比公共区块链快很多。

（2）有隐私保障

私人区块链的访问是受限制的，因此数据是不会向所有人公开的，只对私人区块链参与者公开。

（3）交易成本低

私人区块链支持免费或者非常廉价的交易。传统的集中式机构处理交易是无需交易费用的。

2.2.3　联盟区块链

联盟区块链是一个混合区块链架构，包含公共区块链和私人区块链的功能。类似于私人区块链，联盟区块链也是一种访问受限制的区块链，其参与者需要获得身份认证才能参与其中。联盟区块链的参与者由组织或机构组成，其中参与者的数量由预定的规模所决定。联盟区块链跨越多个组织或机构，有助于保持参与者之间的透明度。例如，假设一个金融区块链是为一个由 30 个金融机构组成的联盟设计的。在这种情况下，这个联盟区块链的最大节点数是 30 个,达成共识所需的节点数取决于联盟区块链使用哪种共识算法。与私人区块链类似,联盟区块链一般为参与者提供身份认证服务,也为联盟区块链管理者提供数据读写权限管理、网络监控的管理权限。联盟区块链的共识节点可以拥有区块链验证的权限以及存储区块的义务。鉴于联盟区块链参与共识的节点规模较小,联盟区块链常用的共识机制是基于拜占庭容错的共识机制。联盟区块链对交易确认时间和交易吞吐量的要求比公共区块链要高很多。与私人区块链类似,联盟区块链无需交易费用。联盟区块链与公共区块链相比,在以下几个方面有所不同。

（1）共识节点

公共区块链的每个节点可以参与共识过程,并且只有部分节点负责验证区块。至于私人区块链和联盟区块链,它完全由一个组织控制,该组织可以决定最终的共识。

（2）读取权限

公共区块链中的交易是对公众可见,但私人区块链和联盟区块链的访问是受限制的。

（3）不可篡改

由于记录被大量存储,对于参与者而言,篡改公共区块链中的交易几乎是不可能的。不同的是,私有区块链或联盟区块链中的交易可能被篡改,因为参与者数量有限。

（4）效率

因为公共区块链网络上有大量节点,传播交易需要大量时间。因此,公共区块链的交易吞吐量有限,延迟很高。由于共识节点数目有限,联盟区块链和私人区块链的吞吐量更高。

（5）集中程度

这 3 种区块链的主要区别在于:公共区块链是去中心化的;联盟区块链是部分中心化的;私人区块链是完全中心化的,因为它由一个团体控制。

2.2.4　混合区块链

一方面,公共区块链有安全性的保障,但是吞吐量和效率方面比较差。另一方面,私人区块链吞吐量和效率比较高,但是安全性和开放性方面比较劣势。因此,混合区块链以一个全新的概念被提出来,定义为整合公共区块链和私人区块链优点的解决方案。混合区块链在半封闭的生态系统中运行,因此可以保证网络上的每条信息的安全。因为区块链网络中具有影响力的节点被挑选成为共识节点,使得验证交易的过程变得高效,所以混合区块链中的交易成本要比公共区块链低得多。另外,混合区块链可以抵御 50% 以上的算力攻击。

跨链的出现也是一种混合区块链的解决方案。由于大部分区块链平台具有强烈的排他性,区块链平台之间互不兼容,数据无法互联互通,出现了区块链的"数据孤岛"难题。异构区块链之间的协同和数据信息交流障碍,在很大程度上限制了区块链应用的商业化和普及。于是,如何实现异构区块链的跨链协同和数据融合,成为当前区块链领域研究的热点之一。目前的跨链技术可分为三种,包括公证人机制、侧链、哈希时间锁定。

（1）公证人机制

公证人无须考虑区块链的结构和特性,只需负责双方交易的验证和确认以及充当交易发生纠纷的仲裁者工作,能够有效地保障跨链交易的一致性。典型的公证人机制由瑞波实验室提出的 Interledger[10]。

（2）侧链

侧链用于解决异构区块链之间的资产互联互通的问题。侧链像是一条大河的支流,把异构的区块链串联在一起,以实现区块链之间的相互协作。侧链完全独立于原链,但是两个账本之间可以相互协作和互联互通。

（3）哈希时间锁定

哈希时间锁定由两个部分组成,分别是哈希锁定和时间锁定。哈希锁定是一种通过时间锁定让接收方在某个约定的时刻前生成支付的密码学哈希值证明来完成交易的机制,最早起源于闪电网络[11]。

2.3　典型的区块链平台和应用

2.3.1　比特币和以太坊

公共区块链是完全去中心化的网络。公共区块链没有访问的限制,向所有人开放。任何人在公共区块链都可以保留一份副本并参与到区块校验的任务中。比特币和以太坊是公共区块链中最著名的两个项目。

（1）比特币

比特币是区块链 1.0 的代表,首次将公共区块链技术应用于去中心化的加密数字货币领域。比特币最初于 2008 年由中本聪提出,目的是打造一个具备去中心化、匿名性、可追溯、不可篡改特性的数字货币。比特币没有第三方机构的监管和控制,它的交易和发行由点对点网络的参与者完成验证和支持。比特币的用户可通过公钥和私钥的形式进行匿名的数字代币交易。比特币的交易信息是公开可查询的。因此,比特币可保护用户的隐私和保证交易的透明性。为了阻止潜在的恶意用户发起攻击,比特币通过采用基于工作量证明机制来实现对交易的验证。由于基于工作证明的共识机制需要矿工解决数学难题来争取记账权,比特币挖矿过程需要消耗大量的计算资源和电能消耗,这引起了对可持续发展的担忧。再者,比特币的可拓展性受限,每秒处理的交易数量有限。每个区块只能包含有限数量的交易。当交易量增加时,可能会导致交易延迟和拥堵,进而影响用户体验。

（2）以太坊

以太坊是区块链 2.0 的代表,引入了智能合约和分布式应用程序。以太坊于 2014 年提出,2015 年正式创立。与比特币类似,以太坊也是一种基于公共区块链的加密货币平台。以太坊与比特币最主要的区别在于以太坊支持智能合约开发和部署。以太坊支持图灵完备的编程语言,为开发者提供编写复杂智能合约的平台。智能合约是一种可以自动执行的计算机协议。以太坊允许开发者在平台上创建、执行智能合约。以太坊的底层技术是以太坊虚拟机,能够实现去中心化部署而无需第三方机构的支持。以太坊采用了一种称为以太币的加密货币作为交易费用和激励机制,同时也作为去中心化应用程序内部的计价单位。与比特币类似,以太坊也存在可扩展性的限制,处理区块的容量和速度有限。为了解决这个问题,以太坊正在逐步过渡到基于权益证明的以太坊 2.0 版本,以提高区块链的可扩展性和吞吐量。以太坊支持构建复杂的智能合约和分布式应用程序,开发者可以在以太坊上构建各种不同领域的去中心化应用,如元宇宙、供应链溯源、去中心化金融服务、数字知识产权认证、医疗数据共享、社交媒体身份认证等。

2.3.2　超级账本平台

超级账本是一个由 Linux 基金会创立的开源区块链平台[12]。超级账本提供了一个开放、协作的平台,用于开发和部署企业级区块链解决方案。超级账本的开发社区已发展到 35 个组织和近 200 名开发人员。超级账本具有以下几个特点。

（1）模块化架构

超级账本提供了高度模块化的灵活架构,开发者可以根据广泛的行业需求(包括金融、医疗、人力资源、供应链,数字版权等)进行个性化定制和多样化配置。由于不同行业对区块链的性能有不同的要求。超级账本支持可插拔的共识算法配置,包括 Raft、实用拜占庭容错算法、基于权威证明等。

（2）安全性

超级账本采用了多种安全措施来保护数据和交易的机密性和完整性。其中包括身份认证、权限管理、加密技术等,以确保参与者的身份和数据的安全。超级账本提供了多种隐私保护技术,例如零知识证明和隐私交易等。这些技术可以确保交易的隐私性和机密性,使得参与者可以在没有泄露敏感信息的情况下进行交互和合作。

（3）链上代码

链上代码是超级账本去中心化的智能合约,在多个节点上被部署、调用和更新。链上代码在区块链网络中共识节点之间定义了交易执行和验证的业务逻辑。超级账本的链上代码支持各种主流变成语言编写,支持 Go、Java、JavaScript 等。开发者可以根据业务的需求自定义链上代码的功能和规则。

（4）区块链分片

超级账本是支持区块链分片的框架。开发者可以创建具有分片功能的区块链网络。每个分片可以并行处理交易,并通过分片间的协调和通信来确保全局一致性。部分超级账本项目符合以太坊协议规范,可以运行以太坊智能合约和分布式应用程序,并与以太坊网络进行互操作。超级账本提供了灵活的权限管理和隐私保护机制,允许企业自定义参与者访问和交易数据的规则,满足不同业务场景的需求。超级账本通过分片技术提供了更强大的可扩展性,适用于各种企业级区块链应用场景。

2.3.3 FISCO BCOS

FISCO BCOS 是中国金融区块链联盟主导的一个安全可控的金融级区块链开源平台[13]。FISCO BCOS 致力于为金融行业提供安全、高效和可信任的区块链解决方案。它通过联盟链架构、高性能设计和智能合约等特性,帮助金融机构实现数字化转型,提升业务效率,并推动金融行业的创新发展。FISCO BCOS 采用了高性能和可拓展性的设计,能够支持大规模交易和数据处理。

FISCO BCOS 鼓励开发者进行广泛的合作和创新。它提供了开源的代码、技术文档和开发者社区,以促进开发者之间的交流和共享。FISCO BCOS 开源生态圈已汇聚了超 3 000 家机构与企业、7 万名个人开发者,沉淀了 200 余个产业数字化标杆应用,对产业区块链的发展起到举足轻重的推动作用。同时,FISCO BCOS 也积极参与行业标准的制定和技术研究,推动区块链技术在金融领域的应用和发展。FISCO BCOS 具备以下几个特点。

（1）五层架构设计

FISCO BCOS v3.0 采用了五层架构设计,包括接入层、调度层、计算层、存储层和管理层。其中,接入层包括对外网关服务和对内接口服务,调度层则包括互联、交易、共识和调度服务。计算层和存储层主要由计算集群和存储集群组成。管理层则通过整合以上四层,负责发布管理、配置中心、远程日志、属性上报、路由管理以及群组管理的运维。

（2）微服务架构

FISCO BCOS v3.0 中的微服务架构是指在区块链平台中采用了微服务设计模式来构建和组织系统的架构。微服务架构将一个大型的应用程序拆分为一系列小而独立的服务单元,每个服务单元都有自己独立的功能和职责,并可以独立进行开发、部署和扩展。FISCO BCOS v3.0 中的微服务架构提高了系统的模块化、可扩展性、独立部署和更新、松耦合性、团队协作能力。

（3）流水线共识机制

FISCO BCOS v3.0 支持两阶段并行的拜占庭流水线共识机制。流水线共识机制是一种分布式系统中常用的共识算法,旨在提高共识的吞吐量和效率。该机制通过将共识过程拆分为多个并行的阶段,使得节点可以同时执行不同的共识任务,从而加快达成共识的速度。在传统的共识机制中,如拜占庭容错算法的共识算法,所有参与节点需要按照严格的顺序进行消息传递和状态转换,这会导致性能瓶颈。流水线共识机制则通过并行处理消息和状态转换,实现了更高的吞吐量和效率。

本 章 小 结

本章首先介绍了区块链技术基础,包括加密数据结构、哈希函数、非对称加密技术、数字签名、共识机制以及智能合约;然后介绍了四种类型的区块链及其特点,包括公共区块链、私人区块链、联盟区块链和混合区块链;最后本章介绍了几个典型的区块链应用案例,包括被广泛应用到公共区块链的比特币和以太坊、被应用到企业级的超级账本、被广泛应用在金融领域的 FISCO BCOS。

第 3 章

融合区块链的联邦学习机制

3.1　区块链分片技术概述

　　随着区块链技术被广泛应用到通信领域,区块链的可拓展性成为一个潜在的挑战。区块链处理交易的吞吐量和时延已成为区块链可拓展性的重要指标。传统的公共区块链面临着严重的性能瓶颈,比如比特币生成一个区块的时间为 10 分钟,以太坊每秒只能处理 15 笔交易。随着"矿工"数量的增多,为了保障区块链的安全性,传统的区块链会增加挖矿的难度,从而导致了巨额的计算能耗。另外,为了保证传统区块链的安全性,超过三分之二的共识节点确认的一笔交易才能被认为是正确的。分片技术可以用于解决区块链扩展问题,其最早由文献[14]提出,通常用于分布式数据库和云基础设施,后与区块链相结合。将分片技术应用于区块链网络的方式是将区块链网络划分为若干个子网(或分片),每个子网将包含一部分节点。存储在网络中的数据和交易将随机分配给每个分片。这样,每个节点只需要处理一小部分工作,不同分片中的交易可以并行处理,从而提高网络的交易速度。区块链分片中的计算、存储和处理可以并行进行,其容量和吞吐量与分片数量或参与节点的数量成线性比例。面对公共区块链目前存在的低吞吐量的性能瓶颈,许多公共区块链项目提出了不同的扩容方案。从方向上来说,可以分为链上扩容和链下扩容两个方向,分片技术是属于链上扩容的一种方案。分片技术作为以太坊未来扩容方案的一部分,引起了广泛的市场关注。同时也有多个主打分片技术的新公共区块链项目加入了竞争,比如 Zilliqa[15]、Rchain[16]、Quarkchain[17] 等,使这项技术在行业中的热度越来越高。

　　分片技术最初在传统数据库领域引入的,主要用于优化大型商业数据库。分片技术就是将大型数据库中的数据划分成很多数据分片,再将这些数据分片分别存放在多个服务器中,这样可以减轻单个服务器的数据访问压力,从而提高整个数据库的吞吐量。简单来说,分而治之是分片技术的核心思想。区块链分片技术是把若干个节点组成的区块链网络分解成若干个小组,每个小组就是一个分片。区块链接收到的交易请求会按照一定的规则分配到各个分片中处理。依据这样的规则,多个分片并行处理交易请求,则极大地提升了交易处理的速度和区块链的吞吐量。在保障区块链安全性的前提下,分片数量可随着节点数的增加而增加,区块链的吞吐量也会随着分片数量增加而线性提升。这个特点被称为可扩展性,又被称为水平扩容属性。分片技术给区块链网络带来了如下好处。

① 从理论上讲,区块链分片可以提升交易处理和确认的速度,进而可以将区块链的吞吐量提高几十倍甚至上百倍。

② 吞吐量成倍地增加,使得交易拥堵的问题得以有效地解决,有助于转账手续费的降低。

③ 整个网络的吞吐量大幅提升,改变了人们对于加密货币支付效率低的看法,这将在很大程度上促进分布式应用的发展,使得更多的分布式应用在分片网络上运行。虽然单笔交易手续费降低了,但是会在总体上提升挖矿收益,从而形成良性循环。

④ 经典的以太坊公链状态信息都存储在区块链上,每个节点将保存全部的状态信息,这使得它的存储空间变得非常昂贵。状态分片具有很好的存储空间可扩展性,它的实现将极大地解决存储空间昂贵的问题。

3.1.1　网络分片

网络分片是区块链分片技术的基础。区块链网络分片的技术原理是将一张大网分成多个分片,每个分片有自己的节点集合和共识机制。每个分片之间相互独立,但也需要分片之间的通信和协调机制来支持跨片交易的处理。相对于传统的区块链的单链结构,每个分片的节点数量减少容易导致单个分片的安全性和容错性降低,并且遭受恶意节点的共谋攻击。为了确保区块链分片的可靠性和安全性,通常采用几种典型方法确保分片的随机性。

（1）基于随机的方法

为了避免恶意节点串谋攻击同一个分片和篡改交易信息等恶意行为,分片的结果必须确保恶意节点不会过度集中在同一个分片中。为了确保分片节点的随机性和安全性,可利用可验证随机数的方法[18]。它是一种非对称加密算法的哈希函数。

（2）基于负载均衡的方法

基于随机的分片方法没有考虑节点的负载能力和计算能力,会导致分片负载不均衡的问题。网络分片可以采用基于负载均衡的分配方法,通过考虑节点的负载能力以及计算能力,将节点根据负载情况分配到不同的分片中。这种方法能够有效地避免分片的负载不均衡,但是需要考虑节点的负载能力。

3.1.2 交易分片

交易分片是基于网络分片的基础上进一步改进的技术。交易分片将交易池的交易按照一定的规则分配到多个分片中,每个分片独立且并行地处理交易,从而提高整个网络的交易处理速度。具体的交易分配规则取决于区块链的账本模型。常用的账户模型包括基于 UTXO 的比特币账本模型和基于账户的以太坊账本模型[19]。针对比特币账本模型,UTXO 有多个输入和输出的地址,如果把交易按照地址进行分配则导致双花的问题无法解决。该双花的问题需要通过分片之间的跨片交易才能解决。针对以太坊的账本模型,只需要根据交易发起者的地址进行交易分配就可以有效地避免双花的问题。交易分片可以分成以下几种方法。

(1)基于交易类型的分片

将交易池中的交易按照不同的交易类型进行分片,例如将代币交易和智能合约交易分配到不同的分片中处理。

(2)基于地址的分片

将交易池中的交易按照发送地址或接收地址进行分片,将相同地址的交易分配到同一个分片中处理。由于同一个分片内的交易都涉及相同的地址,因此在处理交易时可以避免跨片交易的通信。这降低了节点通信开销,提高了交易处理的效率。

3.1.3 状态分片

网络分片和交易分片解决了可拓展性的问题,但是区块链每个共识节点都需要同步整个账本的数据,随着处理交易的吞吐量增加,共识节点面临着巨大的存储压力。为了解决上述节点存储压力的问题,区块链状态分片方案成为热点研究方向。区块链状态分片通过对区块链状态数据进行切割和分配,使得每个节点只需要维护和管理其中一部分状态数据,从而降低了共识节点的存储压力和提高区块链的存储可扩展性。虽然区块链状态分片技术可以提高区块链系统的性能和安全性,但在实际应用中仍然存在一些挑战和困难,主要包括以下几个方面。

(1)数据状态同步问题

由于区块链状态被分成了多个小的状态块,并分配给不同的节点处理和维护,因此节点之间需要及时同步状态信息。但是,状态同步可能会遇到网络延迟、不良连接和其他问题,这会导致节点之间状态信息不一致,从而影响整个系统的一致性和安全性。

（2）数据一致性和安全性问题

区块链状态分片需要保证数据的一致性和安全性。由于分布式存储的特性,关键节点失效容易导致的数据丢失。恶意攻击者其中一个或几个状态块也会破坏数据的一致性和安全性。为了保证区块链数据的安全性和一致性,状态分片需要使用更安全的共识机制、加密算法和同步机制等技术,这增加了系统的复杂度和开销。

（3）跨片通信的问题

由于共识节点存储不同的状态块,涉及不同分片账户的交易必须经过跨片通信的机制才能确保交易的有效性,这导致了额外的通信和计算开销,使得区块链整体的性能和效率下降。

3.2　面向联邦学习的区块链技术

与 5G 相比,6G 通信技术将充分与人工智能融合,为空天地海等应用场景提供更高的传输速率、更低的传输时延、更广的连接以及更高的可靠性。边缘智能是 6G 通信系统中的关键技术,也是一种将人工智能应用在边缘物联网设备的技术。随着物联网的快速发展,边缘物联网设备的数量呈爆炸式增长。物联网设备通常包括大量的传感设备,这些设备会产生海量数据,其中可能包含敏感的信息。传统集中式的人工智能需要把数据集中起来进行训练可能会导致敏感数据泄露等数据隐私和安全问题。因此,基于数据安全和隐私保护的考虑,拥有海量数据的物联网设备没有共享数据的意愿,从而造成"数据孤岛"的难题。

为了解决上述问题,谷歌在 2016 年提出了一种可以有效保护数据隐私的新型分布式机器学习框架,名为联邦学习。联邦学习允许多个终端设备同时协同训练一个机器学习模型。与传统的集中式机器学习框架不同,联邦学习不需要终端设备将原始数据传输到中心服务器进行训练。联邦学习只需终端设备利用本地的数据在本地进行模型训练,然后上传训练好的模型参数。这些训练好的模型参数将会在聚合服务器中按照一定的加权系数进行模型聚合。聚合好的模型将会被下发给多个终端设备。通过循环多次上述的训练和传输过程,联邦学习可以有效地避免终端设备上传敏感的数据,防止数据收集引起的隐私泄露和数据传输造成的传输成本。联邦学习得到了学术界和工业界广泛的关注并得到了迅速的发展。然而,传统的联邦学习框架仍然面临着一些安全和效率的问题,可以总结如下。

（1）聚合服务器的单点失效

在联邦学习中，聚合服务器是唯一的模型收集者。聚合服务器收集并聚合终端训练好的模型，从而更新全局模型。但是，聚合服务器面临单点失效的风险。如果聚合服务器出现故障或者被黑客攻击导致单点失效，则整个联邦学习过程将无法正常运作。

（2）数据污染攻击

联邦学习面临严重的数据污染的风险。恶意的终端在本地训练的数据中恶意注入虚假、错误的数据来破坏整个联邦学习的训练结果，比如说在图像和声频数据中添加噪声等。这些虚假和错误的数据会误导聚合的全局模型，从而导致全局模型的精度下降或者无法收敛。

显然，解决上述挑战对传统联邦学习的改进变得至关重要。区块链的去中心化、不可篡改和可追溯性等的特性可以解决联邦学习的痛点[21]。首先，区块链在联邦学习中可以解决聚合服务器单点失效的问题。传统的聚合服务器可以被点对点的区块链网络所替代。收集、聚合模型等工作可以由区块链节点来执行，从而避免了聚合服务器的单点失效的风险。其次，区块链节点可以设置模型的精度阈值，然后用测试数据集去校验终端训练的模型来避免或者减轻数据污染的攻击。精度达不到阈值的模型将被剔除，无法在全局模型中聚合。再次，区块链可以部署智能合约来规范和运行联邦学习的任务。智能合约是一种脚本程序，可以自动执行定制联邦学习的任务，如模型训练、上传模型和聚合模型等。此外，智能合约还可以高效地向终端分配奖励，以激励他们的积极性。

3.2.1　面向联邦学习的区块链分片技术

尽管面向联邦学习的区块链架构在去中心化和安全性方面表现出色，但两者结合产生的资源管理、通信效率和外部攻击等新问题仍有待未来研究解决。面向联邦学习的区块链系统仍面临一些挑战[22]。

（1）可拓展性低

随着区块链技术被广泛应用到物联网，区块链的可拓展性成为一个潜在的挑战。海量的物联网设备产生的需求对区块链的吞吐量和时延提出了更高的要求。传统的公共区块链面临着严重的性能瓶颈。基于工作证明的共识机制不仅能耗巨大，而且吞吐量非常低。另外，传统单链结构的区块链随着参与节点数目越多，系统会变得更加复杂，通信开销会更大。例如，采用实用拜占庭共识机制的区块链吞吐量会随着共识节点的数目增加会降低。

（2）难以大规模部署

如果海量物联网设备跨地域进行联邦学习，聚合服务器离终端的距离会有巨大的差异化。这些差异化会导致模型的传输和下载时延比较高，联邦学习的收敛速度也会变慢。此外，传统的联邦学习是基于同步学习的方式，跨域的联邦学习则会造成巨大的延迟和等待时间。

（3）缺乏高效的激励机制

参与联邦学习的终端设备需要消耗大量的计算和通信资源。如果没有报酬，被选中的终端不愿意参与到联邦学习之中。另外，异构物联网终端的通信条件和计算能力有巨大的差异化。因此，如何根据物联网设备的通信条件和计算能力来设计一个高效的激励机制来鼓励他们参与到联邦学习的问题仍然亟待解决。

随着区块链分片技术的发展，上述的挑战可以得到解决。面向联邦学习的区块链分片系统是一种将区块链分片技术应用在联邦学习的新型系统[23]。它的主要目的是为联邦学习提供一个更安全、更高效、更可扩展的模型训练平台。其意义如下。

（1）提高可扩展性

区块链分片系统可以根据实际需要对节点数目进行扩展，从而实现更大规模的联邦学习任务。分片技术可以将任务分配到多个节点上处理，使得系统可以处理更多的任务和数据，从而实现更高的可扩展性。

（2）提高大规模部署的效率

传统的联邦学习需要中央服务器来管理和协调所有客户端的模型训练，这可能会导致单点故障和通信延迟等问题。而区块链分片系统可根据地域把物联网设备分组，采用分片技术来将联邦学习任务分配到多个分片上执行，可以提高联邦学习的效率和并行性，同时降低通信成本和延迟。

（3）提高安全性

联邦学习涉及多个客户端的数据共享和模型训练，因此安全性是至关重要的。区块链分片系统采用去中心化的方式来管理数据和任务，使得攻击者无法轻易攻击联邦学习系统，保证了数据的隐私和安全。

（4）提高可靠性

区块链分片技术可以提供联邦学习任务的透明度和可追溯性。每个分片的区块链节点都可以记录每个物联网设备模型训练的过程和结果，确保模型训练的过程和结果是可信的和可追溯的。

3.2.2　面向联邦学习的区块链分片激励机制

尽管联邦学习与区块链分片结合可以保护数据隐私，提高系统的扩展性和安全性。但是，在物联网边缘节点的部署面向联邦学习的区块链分片架构仍有一些问题亟待解决。如果没有有效的激励机制,可能会导致边缘节点不愿意参与到联邦学习的过程,影响整个系统的性能和安全性。另外,随着计算密集型人工智能应用的需求快速增长,推动了神经网络往更深更大的方向发展。因此,在联邦学习中,无论是训练模型或传输模型都会产生更多的能耗。一方面,资源和能量受限的物联网设备需要消耗大量的计算和能耗完成本地的模型训练。另一方面,异构的物联网设备的通信环境和条件是异构的。拥有大量数据的边缘设备可能因为通信条件问题而无法参与到联邦学习中,而导致模型的性能受到限制。因此,面向异构联邦学习的区块链分片激励机制的研究具有重要的意义,主要有以下几个方面。

(1)提高边缘节点参与度

在联邦学习中,边缘节点需要付出大量的计算、通信和存储资源进行模型的训练和传输。通过制定合理的激励机制,可以提高边缘节点的参与度,进一步提高整个模型的泛化能力和精度。

(2)提升异构资源适应性

边缘节点一般是资源异构和能量受限的物联网设备。考虑到物联网设备异构的无线通信条件和计算能力,联邦学习的效率可能取决于少数无线信道条件差、计算能力低的设备。需要通过设计弹性的模型压缩机制,让资源和条件受限的边缘节点参与到联邦学习。

(3)提高分片的安全性

在分片技术中,每个分片的安全性与分片的节点数量有直接的关系。每个分片都需要有足够的节点参与验证和确认交易,才能保证交易的安全性。通过激励机制,可以鼓励节点参与到多个分片中,从而提高整个系统的安全性。

3.3　融合区块链的异构联邦学习方案

3.3.1　基于动态压缩的联邦学习方法

在联邦学习中应用大型神经网络将消耗大量能量来传输和训练梯度。由于电池有限,很难将联邦学习部署到物联网设备中的耗能应用。为了解决这一问题,我们采用了按需梯度压缩和梯度聚合的方案,以减少通信开销和能耗。提议的区块链具有分层和分片结构,由一个全局链和多个分片本地链组成。本地链旨在记录异构物联网设备上传的压缩梯度。全局链负责记录聚合异构物联网设备上传的压缩梯度的全局模型。任务请求者设计合约并在全球链中发布具有特定要求的联邦学习任务。在本地链中的异构物联网设备选择合约项目,并以灵活的压缩率和计算能力进行本地训练和模型上传。

在图 3.1 中,提出的系统架构在初始时期的工作流程由以下四个步骤呈现。

步骤 1:设计合约并发布联邦学习任务。考虑到物联网设备的异构通信和计算条件,任务请求者设计合适的合约来激励物联网设备参与联邦学习。然后,任务请求者签署智能合约,并在全局链中广播具有特定要求的联邦学习任务,如初始全局模型和联邦学习任务的终止条件。

步骤 2:建立本地链。本地链可以由基站、路侧单元和接入点组成。本地链从全局链获取已发布的任务,包括合约信息和初始全局模型。异构物联网设备选择最大化自身效用的相应合同项。然后,这些物联网设备通过基站、蜂窝或接入点通信从本地链下载初始全局模型。

步骤 3:更新本地链中的压缩梯度。执行训练任务后,压缩梯度由物联网设备上传到本地链。本地链的共识节点将使用基于拜占庭共识的片内共识过程来验证压缩梯度。然后,一个包含压缩梯度的块由领导节点生成。该区块将被广播到本地链中的所有共识节点。

步骤 4:全局链中的模型同步。全局链中的领导者通过跨链通信协议从多个本地链检索压缩梯度。然后,压缩梯度被聚合并测试准确性。合格的聚合模型被广播到全局链中的其他边缘服务器节点。在边缘服务器节点再次使用基于拜占庭的共识机制达成协议后,聚合梯度在边缘服务器节点之间的账本中共享。

图 3.1　系统模型

　　物联网设备的梯度压缩:根据文献[25],梯度压缩方案由稀疏化、量化和霍夫曼编码组成。令 $\omega_{m,n}$ 表示在第 n 轮中第 m 个物联网设备的压缩权重。首先,我们对 $\omega_{m,n}$ 应用误差补偿。然后,我们提出了一种梯度压缩方案,它结合了 Top-k 稀疏化、量化和霍夫曼编码。最后,我们得到 $\hat{\omega}_{m,n}$。

　　异构联邦学习的梯度聚合:从本地链获取所有压缩梯度后,全局链聚合压缩梯度。让 h 索引全局模型的梯度。第 n 轮从第 m 台物联网设备上传的梯度表示为 $\hat{\omega}_{m,n}^h$,$h=1,\cdots,$ H,其对应的掩码记为 $\pi_{m,n}^h$,$h=1,\cdots,H$。令 D_m 表示第 m 个物联网设备的数据大小。聚合梯度 $\tilde{\omega}_n^h$ 可以由式(3.1)给出:

$$\tilde{\omega}_n^h = \frac{\sum\limits_{m} \hat{\omega}_{m,n}^h \pi_{m,n}^h D_m}{\sum\limits_{m} \pi_{m,n}^h D_m} \tag{3.1}$$

　　参数拟合方法:受文献[26]中的参数拟合方法的启发,我们进行了梯度压缩实验,以测量压缩率的全局模型精度。根据文献[25],压缩率和压缩模型精度之间的关系可以通过对数函数来建模。这种关系也适用于联邦学习中的梯度压缩。因此,我们设计了一种拟合方法,通过枚举联邦学习中的一组统一压缩率来获得相应的全局模型精度。实验结果如图 3.2 所示。对数函数可由式(3.2)给出:

$$g(\lambda) = \alpha_1 \log_2(\alpha_2 \lambda - \alpha_3) + \alpha_4 \tag{3.2}$$

其中,λ 表示压缩率,参数 α_1、α_2、α_3 和 α_4 通过实验拟合来测量给定 λ 的训练性能。随着 λ 的增加,更多的梯度被传输到全局链中的本地链进行模型聚合,从而提高了全局模型的准确性。当 λ 足够大时,压缩方案几乎不会对模型的准确性产生负面影响。因此,具有较大 λ 的压缩梯度可能携带更多信息,反之亦然。

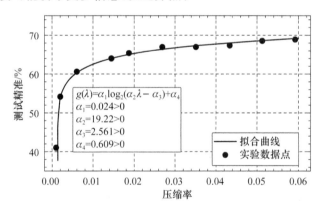

图 3.2　系统模型

3.3.2　区块链分片方案

　　在全局链中,物理基础设施由边缘服务器组成。任务请求者通过在具有特定要求和初始全局模型的全局链上签署智能合约来发布联邦学习任务。定制的合同项目由任务请求者设计。全局链通过从本地链获取压缩梯度来执行梯度聚合。然后,边缘服务器节点充当共识节点,运行基于拜占庭的共识过程进行验证。全局链中发布的区块由全局模型的梯度组成。

- 分片本地链:本地链被设计为与全局链一样的同质区块链。在本地链中,物理基础设施由基站、路边单元、接入点和物联网设备组成。本地链负责从其覆盖区域内的物联网设备收集和验证压缩梯度。首先,本地链通过跨链通信协议从全局链下载合约和初始全局模型。然后,物联网设备选择合约项目并从本地链下载全局模型。完成模型训练后,物联网设备对模型进行压缩,并将压缩后的梯度上传到附近的本地链。最后,使用基于拜占庭的精确度证明(Proof of Accuracy,PoA)共识机制来验证压缩梯度。生成块存储此时期的压缩梯度,并添加到本地链的分类账中。
- 基于拜占庭的 PoA 共识机制:在本书中,我们提出了一种基于拜占庭的 PoA 共识机制,将基于拜占庭的共识方案和准确性验证集成到共识过程中,可以防御来自恶意参与者的投毒攻击、欺骗攻击和搭便车攻击。

区块链分片可分为如下 4 个阶段。

阶段 1:身份注册。本地链和全局链中的所有参与者必须通过绑定他们的身份来授权,例如注册机构中的身份证。授权的参与者将通过椭圆曲线数字签名算法和非对称密码学获得公钥、私钥和证书。本地链和全局链中的每个合法节点都必须提交保证金作为安全保证。

阶段 2:收集梯度和测试准确性。每个共识节点不断地从任务请求者那里收集联邦学习任务。为了防止来自物联网设备的中毒攻击,共识节点利用任务请求者的测试集来测试压缩和聚合梯度的准确性。测试结果将成为共识节点的关键投票依据。

阶段 3:片内共识过程。在本地链中,片内共识过程如下所示。①请求阶段。领导节点接收任务请求者的操作请求。②前期准备阶段。领导节点收集一批请求(包括签名、时间戳、测试结果)并向其他共识节点发送一条预准备消息。然后,每个共识节点验证该块。③准备阶段。每个共识节点与所有其他节点进行通信,以确定来自领导节点的预准备消息是否有效。④提交阶段。如果超过 2/3 的共识节点同意本轮模型更新的区块,该区块将被加入账本并在所有共识节点之间共享。

阶段 4:最终共识过程。在全局链中,在片内共识中提交的压缩梯度可以被全局链访问。聚合的模型梯度将被打包成一个块并发送到全局链中的其他边缘服务器节点。边缘服务器节点再次执行基于拜占庭的 PoA 投票过程,并在全局链中的所有其他边缘服务器节点之间共享块。

3.3.3　基于二维契约理论的解决方案

受文献[27]的启发,我们关注全局模型训练的每一轮通信中局部模型训练和梯度上传的总延迟。我们考虑一个异构的联邦学习场景,其中物联网设备具有异构的通信环境和计算能力。异构物联网设备分为两种类型 $\Theta = \{\theta_1, \cdots, \theta_i, \cdots, \theta_I\}$ 和 $\Phi = \{\phi_1, \cdots, \phi_j, \cdots, \phi_J\}$。我们考虑用于物联网设备的正交频分多址协议,以将其压缩梯度上传到本地链。带宽 $B_{i,j}$ 分配给类型为 (i,j) 的物联网设备。因此,类型 (i,j) 的物联网设备可实现的传输速率(bit/s)可以计算为:

$$r_{i,j} = B_{i,j} \log_2 \left(1 + \frac{p_{i,j} g_{i,j}}{N_0}\right) \tag{3.3}$$

其中,$p_{i,j}$、$g_{i,j}$ 和 N_0 分别表示传输功率、信道增益和噪声功率。模型训练和上传类型 (i,j) 物联网设备的效用可以定义为:

$$V_{i,j} = \pi_{i,j} - e\left(\frac{M p_{i,j} \lambda_{i,j}}{r_{i,j}} + \kappa_{i,j} c D_{i,j} f_{i,j}^2\right) = \pi_{i,j} - e\left(\frac{\lambda_{i,j}}{\theta_{i,j}} + \frac{f_{i,j}^2}{\phi_{i,j}}\right) \tag{3.4}$$

受文献[26]的启发,任务请求者的满意度函数定义为准确度收益和延迟收益之和:

$$R_{i,j} = \rho \gamma_{i,j} g(\lambda_{i,j}) - \eta \max_{i,j} \left\{\frac{c D_{i,j}}{f_{i,j}} + \frac{M \lambda_{i,j}}{r_{i,j}}\right\} \tag{3.5}$$

其中,ρ 表示精度的单位利润,$\gamma_{i,j} = D_{i,j} / \sum_{i,j} D_{i,j}$ 表示为类型 (i,j) 物联网设备的权重因子,η 是预设权重因子。贡献评估函数 $g(\lambda_{i,j})$ 定义为式(3.2)。等式的右侧表示一轮联邦学习的延迟收益。联邦学习轮的长度由最慢的物联网设备的总延迟决定。延迟越低,收益越大。为了激励物联网设备参与联邦学习,应为物联网设备支付金钱奖励。任务请求者的效用定义为满意度收益减去金钱奖励的成本,可以写为:

$$U_{i,j} = R_{i,j} - \pi_{i,j} \tag{3.6}$$

在非对称信息场景中,任务请求者不知道物联网设备是什么类型。但是任务请求者根据历史数据知道物联网设备属于某个类型 (i,j) 的概率。物联网设备属于类型 (i,j) 的概率用 $\beta_{i,j}$ 表示,其中 $\sum_{i,j} \beta_{i,j} = 1$。任务请求者作为雇主,设计一套可行的契约来激励异构物联网设备参与联邦学习。物联网设备是决定是否选择任务请求者提供的合同项目的员工。合约记为 $\Omega = \{\lambda_{i,j}, f_{i,j}, \pi_{i,j}\}$。最优契约被推导出来最大化任务请求者的预期效用。优化问题被表述为:

$$\max_{(\lambda_{i,j}, f_{i,j}, \pi_{i,j})} \sum_i \sum_j \beta_{i,j} U_{i,j}$$
$$\text{s.t. } V_{i,j}^{i,j} \geq \max_{i,j,k,l} \{V_{i,j}^{i,l}, V_{i,j}^{k,j}, V_{i,j}^{k,l}\}$$
$$V_{i,j}^{i,j} \geq 0 \tag{3.7}$$

优化问题中的激励相容约束保证设备可以通过选择适应某相应类型的契约来获得效用的最大值。优化问题中的个体理性约束保证每种物联网设备的效用是非负的。优化问题不是凸优化问题。

3.3.4　实验评估

在本节中,将提供仿真结果来评估所提出的基于契约的激励方案和所提出的按需压缩率的异构联邦学习方案。假设物联网设备的类型遵循均匀分布,其中 θ 和 ϕ 被量化到 10 个级别。实验在 VGG-9 模型[28]上进行。我们认为联邦学习的任务是在 CIFAR-10 数据集上进行图像分类。物联网设备的数量为 16。我们将联邦学习的超参数设置如下:本地迭代为 1,批次大小为 64,学习率为 0.05,全局迭代次数为 300,每轮衰减率为0.996。训练样本被打乱并分发到独立同分布数据设置中的所有物联网设备。对于非独立同分布数据设置,我们考虑分布为 $p_c \sim \mathrm{Dir}_{c,i}(0.5)$ 的异构分布,并分配 p_c 比例的客户 i 训练 c 类的样本。

首先在图 3.3 和图 3.4 中评估契约的单调性。从图 3.3 中,我们可以看到压缩率随着类型 θ 值和类型 ϕ 值的增加而增加。这意味着合约可行性与图 3.3 中的仿真结果得到证明。这是因为通信环境越好,即 θ 的值越大,物联网设备对压缩率的要求就越高。随着压缩率的提高,保留的模型参数越多,物联网设备带来的精度增益就越大。类似地,在图 3.4 中,计算频率随着类型 θ 值和类型 ϕ 值的增加而增加。这是因为物联网设备的能效越高,即 ϕ 的值越大,对物联网设备的计算能力要求就越高。仿真结果满足契约项(压缩率、计算能力)的单调性。

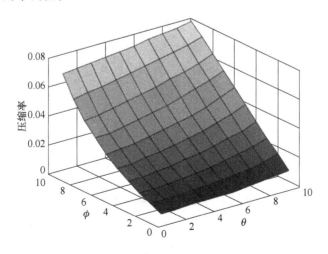

图 3.3　压缩率随类型 θ 值和 ϕ 值的增加而增加

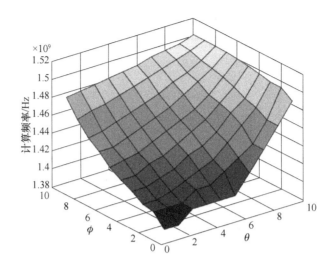

图 3.4　计算频率随类型 θ 值和 ϕ 值的增加而增加

接下来,我们分别在不对称信息下验证任务请求者的效用和物联网设备的效用。图 3.5 和图 3.6 表明任务请求者和物联网设备的效用随着 θ 值和 ϕ 值的增加而增加。这意味着与更高类型的物联网设备的合作将为任务请求者带来更多的好处。物联网设备效用的单调性得到验证。

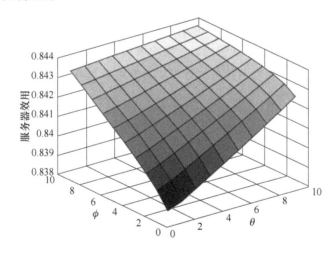

图 3.5　服务器效用随类型 θ 值和 ϕ 值的增加而增加

我们将我们提出的方案与以下列出的几个基线方案进行比较。

(1) 统一方案:所有物联网设备选择相同的契约项进行梯度压缩和模型训练[29],我们将统一方案的压缩率和计算能力设置为所提出的基于契约的方案的平均值。

(2) 部分选择方案:在文献[30]的启发下,我们选择了 75% 的最节能的物联网设备参与选择方案中的联邦学习。

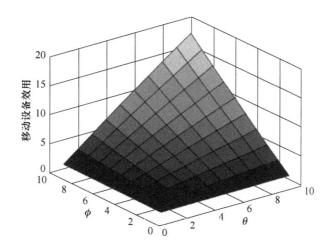

图 3.6　物联网设备效用随类型 θ 值和 ϕ 值的增加而增加

　　在独立同分布和非独立同分布 CIFAR-10 数据设置下,三种方案的收敛曲线分别如图 3.7 和图 3.8 所示。在相同的训练时间下,我们的方案在提高全局模型精度方面表现更为优异。同时,我们提出的方案在数据独立同分布和非独立同分布的数据设置中都达到了最佳的最终测试精度。

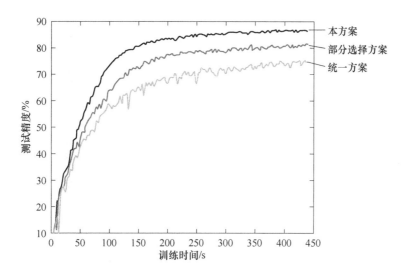

图 3.7　在数据独立同分布下模型精度和训练时间的对比

　　在数据独立同分布和非独立同分布设置下三种方案的能耗与目标精度的关系分别如图 3.9 和图 3.10 所示。由图可知,我们提出的方案优于上述基准方案,后者在目标精度性能上消耗的能量最少。为了达到同样 80% 的目标精度,与统一方案相比,本方案在独立同分布和非独立同分布设置下分别降低了 42% 和 52% 的能耗。部分选择方案和统一方案都对模型精度有较大的降低,它们需要更多的迭代才能达到相同的目标精度。因

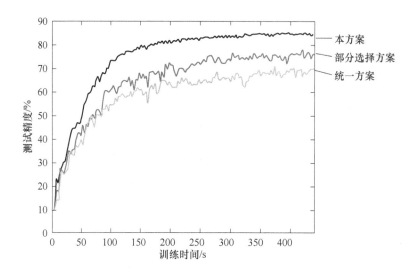

图 3.8　在数据非独立同分布下模型精度和训练时间的对比

此,部分选择方案和统一方案的能耗远远超过所提方案的能耗。与现有的基准方案相比,本书提出的方案以更少的能耗实现了更高的模型精度。

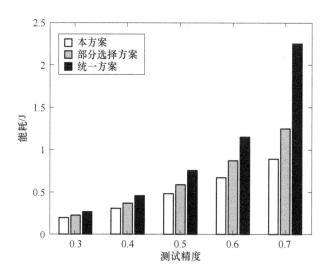

图 3.9　在数据独立同分布下能耗与测试精度的对比

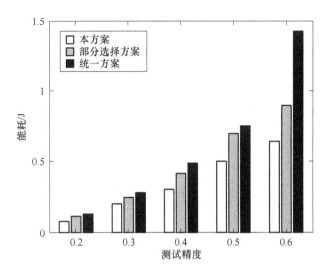

图 3.10　在数据非独立同分布下能耗与测试精度的对比

本 章 小 结

　　本章针对联邦学习可能存在的单点失效、安全性以及缺乏激励措施的问题,应用区块链分片技术,设计了融合区块链的联邦学习机制。首先,本章介绍了区块链分片的概念、动机和优势;介绍了区块链分片的方法,包括网络分片、交易分片和状态分片的方法。接着,为了解决单点失效,抵御恶意客户端和虚假数据的威胁,本章介绍了融合区块链的联邦学习机制和过程;考虑到传统的区块链存在着计算成本高、可拓展性有限、存储需求巨大以及同步训练受限的模式,本章介绍了面向联邦学习的区块链分片机制,提高了联邦学习的效率和安全性。然后,考虑到在物联网设备部署联邦学习存在能源不足、恶意节点的威胁以及缺乏激励机制的问题,本章提出了一种基于模型压缩和区块链分片的联邦学习框架。最后,本章设计了一种基于契约理论的二维激励模型,激励物联网设备参与联邦学习过程。

第4章
融合区块链的泊车边缘计算及应用

4.1 概 述

车联网(Internet of Vehicles,IoV)是物联网在智能交通领域的重要应用。近年来,国家发改委、交通运输部、工信部与科技部等多个部门颁布《国家新一代人工智能标准体系建设指南》《关于推动交通运输领域新型基础设施建设的指导意见》《智能汽车创新发展战略》《中国人工智能系列白皮书——智能驾驶》等纲领性文件,指出未来车联网的"网联化、智能化与协同化"发展依赖各种人工智能技术提供强有力的技术支撑。积极布局人工智能应用在交通领域的技术集成与配套成为响应车联网产业"十四五"发展规划号召,推进智能交通建设的重点工作。车联网边缘计算作为一种专门将传统云计算能力下沉至车联网边缘,广泛支持新型人工智能等计算密集型应用的计算范式[1],它有效地扩展车辆可接入的计算环境,在靠近用户的位置部署数据通信、内容交付和任务计算等服务,赋能快速的请求响应和安全的数据处理,在近些年来受到学者们的深入研究。

车联网边缘计算中存在两大类型的节点:边缘服务器和车辆节点。相对于边缘服务器,车辆节点在数量上占优势,可接入性方面也更为灵活,它是目前研究工作的重点之一[2]。现代车辆装载 GPS、摄像头和雷达等传感器,能感知物理世界,采集交通安全与效率相关要素的数据。车辆同时配备无线通信和计算单元模块,具备数据传输与处理功能。另外,车辆的使用除了动态的"行"还需要静态的"停"。城市数据报告表明,大约70%的车辆平均每天停泊时间超过 20 小时[4],国际静态交通委员会指出,在 8 小时的工作时间内,除运营车辆外,90%的个人车辆处于停泊状态,可见停泊车辆占据总体车辆的绝大多数。停泊车辆(特别是新能源汽车)可通过电池来保持电子系统处于休眠状态并按需启动工作。准静止的停泊车辆状态较稳定,内部不存在繁忙的任务进程,具备空闲、可利用的通信与计算资源,适合对外提供可靠的数据传输与计算迁移。通过合理管控车联网中的停泊车辆节点,将产生一种特殊的计算范式,取名为泊车边缘计算,它将赋能一个拥有庞大车辆群体的集感知、通信和计算于一身的平台,凭借规模化分布的资源优势,成为加速推进人工智能应用落地的重要抓手。

对于车辆用户,最为直接的和主要需求的计算资源广泛分布于网络边缘。专门提供计算迁移的服务提供商利用各式各样的计算节点在靠近用户的位置,就近响应和处理车辆用户的服务请求,通过及时返回结果,提高服务过程的用户体验。在日常生活中,停泊车辆占据总体车辆的多数,具备便利的机会和大量的空闲车载资源。车辆即使保持在停放状态,仍旧可以正常地接受调度,对外共享计算、存储和通信资源,以协助他人开展数据通信和任务计算等服务。为了应对越来越多的车联网计算密集型应用,泊车边缘计算提倡将停泊车辆的空闲资源聚集起来,统一调度停泊车辆协同处理部分计算任务,按需地配合服务提供商服务请求用户。

以下介绍泊车边缘计算系统模型及主要实体。

如图 4.1 所示,在以停泊车辆为核心的计算迁移服务中,包含以下三种关键实体。

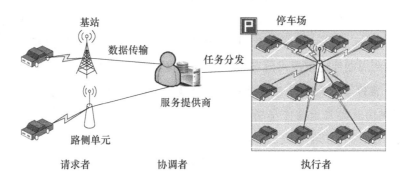

图 4.1　泊车边缘计算架构图

(1) 请求车辆

道路上行驶的车辆利用传统的蜂窝移动通信技术(如 2G/3G/LTE 等)或者车联网中车载通信协议(车载专用短程通信 DSRC)发送计算迁移服务请求至邻近的通信设施(如基站、路侧单元),再由它们递交服务请求至指定的服务提供商。

(2) 服务提供商

服务提供商在服务区域内部署 MEC 服务器以处理用户上传的计算任务,当计算任务繁重时,服务提供商也通过组织合适的停泊车辆,调度停泊车辆协助处理部分计算任务。作为选择,服务提供商可以将计算负荷小的计算任务完整地分发至某停泊车辆,或者将计算负荷大的计算任务拆分成多个子任务分发至对应数量的停泊车辆群体。通过分布式并行计算,所有任务执行者将计算结果汇总至服务提供商处,由其聚合出最终计算结果,再返回至请求车辆。

（3）停泊车辆

在有限的停泊的时间内,停泊车辆利用配置了接收/发射器、计算单元和存储器等硬件的车载单元接收并处理给定的计算任务。停泊车辆主要执行以下操作:收发数据包,处理计算负荷和记录个人奖励。停泊车辆基于理性原则,决策是否接收服务提供商分发的计算任务,任务处理完毕,返回输出结果,停泊车辆成功获得奖励,这些奖励将被记录到由服务提供商签名认证的奖励证书中。停泊车辆可随时出示自己拥有的奖励证书,以便随时兑现奖励,或用于补偿停车费用。

泊车边缘计算的关键性能指标是可服务性指标。

为了确保可靠、高效地处理任务,服务提供商提前锁定一部分停泊车辆作为候选的任务执行者。为此,服务提供商周期性地评估并更新某停车场中停泊车辆参与计算迁移服务的可服务性指标。本书依据停泊车辆的状态可靠性、带宽可用性和计算效率量化制定可服务性指标。

一方面,停泊车辆处理任务的可靠性受其停车行为的影响。当某停泊车辆被预测将以较高的概率在后续时间内始终保持停留时,此停泊车辆适合于在此时段内接收计算任务。这意味着如果将计算任务分发至此停泊车辆,不易发生任务中断,尽可能地避免由于车辆突然离开而引起的任务迁移,从而减少不必要的时间和工作消耗。在实际应用中,服务提供商周期性地依据可服务性指标选择合适的停泊车辆,假设时间周期间隔为 T。车辆的日常停车行为可以通过当前的先进技术(如大数据挖掘)进行检测、记录和分析。服务提供商获得关于某停车场内任意车辆停车时长 t 的概率密度函数 $g(t)$,其中 $0 \leq t \leq t^{\max}$。在每个停泊车辆挑选周期开始时,对于停泊车辆 i,如果累计到此时已经停靠时间 ap^i,那么此停泊车辆在接下来 T 时长内始终保持停泊状态的概率可用以下条件概率表示:

$$P^i = P(t \geq ap^i + T \mid t \geq ap^i) \tag{4.1}$$

基于文献[31]的公式推导,上述条件概率最终可转换为:

$$P^i = \int_{ap^i+T}^{t^{\max}} \frac{g(t)}{1-G(ap^i)} dt \tag{4.2}$$

其中,$G(t)$ 是 $g(t)$ 的累积分布函数。此概率表明停泊车辆在此时间周期内参与计算迁移服务时是否可以处于稳定状态,从而持续提供车载资源。因此,服务提供商将其作为评估停泊车辆可服务性指标的一项。

另一方面,除状态稳定外,停泊车辆在成为计算节点时还需要有可共享的空闲通信与计算资源。假设停泊车辆拥有的通信带宽(主要为下行通信)和计算力分别为 B^i 和 F^i,其中被自用的通信带宽与计算力分别为 b^i_{lc} 和 f^i_{lc}。基于给定阈值 b_{th} 和 f_{th},评估停泊车辆的通信资源系数与计算资源系数分别为 $(B^i-b^i_{lc})/b_{th}$ 和 $(F^i-f^i_{lc})/f_{th}$。最终,停泊车辆 i 参与计算迁移服务的可服务性指标表示为:

$$S^i = \upsilon_1 P^i + \upsilon_2 \frac{B^i - b^i_{\text{lc}}}{b_{\text{th}}} + \upsilon_3 \frac{F^i - f^i_{\text{lc}}}{f_{\text{th}}} \tag{4.3}$$

其中,υ_1、υ_2 和 υ_3 是加权因子且满足 $\upsilon_1 + \upsilon_2 + \upsilon_3 = 1$。在各停泊车辆挑选周期开始时,服务提供商基于掌握的先验知识更新停车场内不同停泊车辆的可服务性指标,并锁定 $S^i \geqslant S_{\text{th}}$ 的停泊车辆作为后续 T 时间内的候选任务执行者。阈值 S_{th} 由服务提供商设定好,当需要更多的候选者时,可降低此阈值以扩大选择范围,当需要确保任务被可靠、高效地处理,可增加此阈值以提高选择质量。

接下来,介绍停泊车辆作为计算节点的通信与能量模型。

停泊车辆与位于停车场中心的路侧单元进行通信,以接受输入数据和回传输出结果。当应用 OFDM 技术支持停泊车辆 i 与路侧单元的下行通信时,停泊车辆 i 的通信速率为:

$$r^i_{\text{rx}} = (B^i - b^i_{\text{lc}}) \log_2 \left(1 + \frac{\rho_{\text{rsu}} h^i d_i^{-\sigma}}{N_0}\right) \tag{4.4}$$

其中,ρ_{rsu}、h^i、d_i 分别为路侧单元的发射功率、路侧单元与停泊车辆 i 之间通信信道的信道增益、停泊车辆距路侧单元的距离,N_0 和 σ 为噪声功率谱密度和路径损耗指数。在能耗方面,若给定输入数据大小为 D、计算负荷为 W 的计算任务,则停泊车辆在数据通信方面的能耗 $E^i_{\text{rx}} = \rho^i_{\text{rx}} D / r^i_{\text{rx}}$,其中 ρ^i_{rx} 为接收器功率,除此之外还有一部分能耗用于 CPU 运行,参考文献[32],若停泊车辆 i 以计算力 f^i 处理计算任务,则 CPU 运行产生的能耗 $E^i_{\text{CPU}} = f^{i2} W$,其中 ε^i 为车辆车载单元的 CPU 的有效开关电容系数,与其芯片架构相关。

4.2　融合区块链的泊车边缘计算

当某 MEC 服务器和停泊车辆同时受雇参与计算迁移服务时,这产生不完全可信网络环境。为了保障安全,计算迁移服务过程需要实现实体身份匿名化、任务请求可登记、计算工作可审计和奖励给予可追溯。为此,本书提出基于区块链建立自主自治的去中心化计算迁移服务管理模式。具体地,利用智能合约记录任务请求者与任务执行者的行为,随后智能合约被自动发布至区块链上,由共识节点核验确认,从而有效地防御身份伪造攻击、请求泛洪攻击、欺骗攻击和抵赖攻击等网络攻击。本节首先提出车联网边缘计算中实现去中心化计算迁移服务管理模式的主要技术手段,然后设计 MEC 服务器与停泊车辆进行协同计算时的激励机制,以加强网络安全与隐私保护。

4.2.1　区块链搭建与智能合约设计

首先,介绍订阅了计算迁移服务的用户客户端所包含的软件模块。为了核验计算节点的计算工作,任务执行者被要求在入网时安装指定的客户端软件,客户端软件包含以下模块。

① 身份模块:用于验证实体身份与登记私人钱包地址。

② 通信模块:依据指定地址下载计算任务相关的输入数据与上传任务处理后的计算结果。

③ 计算模块:导入输入数据后,配置计算力,处理计算负荷。

④ 评估模块:专门评估任务执行者计算工作完成情况,如监督任务执行者是否正常地下载上传数据,调用第三方方法(以不重复执行计算任务形式)判断实质计算结果与输入数据是否严格匹配和计时任务完成的时长等。

随后,模块出示任务执行者计算工作的质量评估报告,并附带合法的鉴定证书。

接下来,阐述如何部署区块链与设计合适的智能合约。组织计算迁移服务的区块链采用联盟区块链方式,为了保障安全,由配置 MEC 服务器的路侧单元充当共识节点[33],出于安全性考虑令它们执行 PoW 共识机制。如图 4.2 所示,应用智能合约技术设计不同实体的操作流程,保障服务透明公开,安全可靠。在联盟区块链中,所记录的交易由三个部门组成:①由任务请求者与任务执行者双方实体合法公钥共同组成的交易 ID;②任务要求与任务处理等相关信息;③押金、奖励给予所引起的数字货币流通。通过区块链部署,利用智能合约记录任务请求者与任务执行者的行为,之后智能合约被自动发布至区块链上,由共识节点核验确认,具体如下。

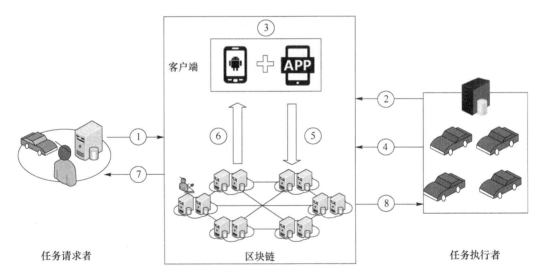

图 4.2　基于智能合约的实体操作流程

步骤 1:任务请求者经客户端软件发送任务请求,触发一个新的计算迁移服务智能合约。除附带具体的任务要求外,任务请求者提前向智能合约规定地址发送代币形式的押金。利用押金机制,可以惩罚发布虚假请求的实体。

步骤 2：感兴趣的停泊车辆与 MEC 服务器，经客户端软件查看任务请求，按照要求填写自身任务执行的相关信息，包含计算节点类型、计算力、单位计算负荷的能耗开销与其他参数等，向智能合约提交回复。

步骤 3：作为任务请求者的服务代理，服务提供商根据不同任务执行者提供的辅助信息设计并颁布激励机制。

步骤 4：在给定激励条件下，各任务执行者决策是否参与任务处理和承担对应的计算负荷大小。确定参与的任务执行者向智能合约规定地址发送指定的押金。通过押金机制，可以惩罚拒绝输出或者输出错误计算结果的任务执行者。

步骤 5：任务执行者下载输入数据，利用客户端软件配置计算力完成计算负荷得到计算结果，本地生成评估报告，上传计算结果与评估报告。

步骤 6：智能合约在区块链上自动发起一笔交易，请求全网共识节点审计评估报告内容的真实性，以核验报告是否遭受他人篡改。

步骤 7：根据审计结果，智能合约收集合格的计算结果，必要时启动专用的备援服务器补充计算结果，聚合所有计算结果以输出最终的处理结果，将其发送至任务请求者，并要求任务请求者按照事先约定给予奖励，后续返回押金。

步骤 8：当任务执行者完成合格的计算工作时，规定的奖励与之前提交的押金被顺利返回至钱包账户，否则没收其押金以作惩罚。

4.2.2　用户导向的计算迁移服务

在运用上述智能合约的基础上，本书拟用博弈论建模并解决多个任务执行者协同处理一个完整计算任务的激励设计问题。当某 MEC 服务器与邻近的停泊车辆群体协同处理某计算任务时，服务提供商作为服务代理，代表任务请求者制定多任务执行者资源协同时公平有效的激励机制。为此，服务提供商被授权以掌握各任务执行者先验知识，以最小化用户的总服务费用为目标，基于 Stackelberg 博弈框架优化此激励机制，决策 MEC 服务器与各停泊车辆的服务奖励。

1. Stackelberg 博弈模型

假定一辆请求车辆 V 上传计算迁移任务请求，此计算任务输入数据大小为 D_v，计算负荷量与输入数据大小成正比，记为 $W_v = h_v D_v^{in}$，任务处理时延要求为 L_v。在接收到此任务后，服务提供商计划将完整的任务切分成几份，分别发送给指定的 MEC 服务器与多辆停泊车辆进行协同计算。

受雇于此任务处理的 MEC 服务器处理单位计算负荷可获得奖励 p_s^V，计划投入的计算力为 f_s^V，CPU 功率为 $A_1(f_s^V)^3 + A_2^{[34]}$，接收器功率为 ρ^{rx}，下行通信速率为 r_s^{dl}。给定任务大小比例为 α_s^V，MEC 服务器从数据传输至 CPU 执行产生的总能耗开销为：

$$c_s^V \alpha_s^V = p_e \left\{ \alpha_s^V W_V \left[A_1 (f_s^V)^2 + \frac{A_2}{f_s^V} \right] + \rho_s^{rx} \frac{\alpha_s^V D_V^{in}}{r_s^{dl}} \right\} \tag{4.5}$$

其中, p_e 是单位能量的经济开销。另外,MEC 服务器执行额外的计算负荷 $\alpha_s^V W_V$,将会对自身的任务处理带来负面影响,参考文献[32],将此负面影响建模为 $n_s (\alpha_s^V W_V)^2$,故 MEC 服务器的个体效用表示为:

$$U_s^V (\alpha_s^V, p_s^V) = p_s^V \alpha_s^V W_V - c_s^V \alpha_s^V - n_s (\alpha_s^V W_V)^2 \tag{4.6}$$

MEC 服务器根据任务请求者的奖励参数 p_s^V,理性地决策 α_s^V 以最大化自身效用。

同样地,对于停泊车辆 i,任务处理也将产生能耗开销,计划投入的计算力为 f_i^V,CPU 处理单位负荷的能耗为 $\varepsilon_i (f_i^V)^2$,如前所述,与 CPU 硬件相关的参数为 ε_i,接收器功率为 ρ_i^{rx},下行通信速率为 r_i^{dl}。若承担任务大小比例为 β_i^V,则停泊车辆 i 从数据传输至 CPU 执行产生的总能耗开销为:

$$c_i^V \beta_i^V = p_e \left[\rho_i^{rx} \frac{\beta_i^V D_V^{in}}{r_i^{dl}} + \beta_i^V W_V \varepsilon_i (f_i^V)^2 \right] \tag{4.7}$$

为了鼓励高服务可用性指标的停泊车辆参与任务处理,同时兼顾激励公平性原则,若任务请求者给予停泊车辆群体的总奖励为 R_V,则分配至停泊车辆 i 的奖励为 $R_V S_i \beta_i^V / \sum_{i \in \mathcal{J}} S_i \beta_i^V$,如前所述, S_i 为停泊车辆 i 的服务可用性指标, $\mathcal{J}$ 是所有作为候选任务执行者的停泊车辆集合。因此,受雇于此任务处理的停泊车辆 i 的个体效用表示为:

$$U_i^V (\beta_i^V, R_V) = \frac{S_i \beta_i^V}{\sum_{i \in \mathcal{J}} S_i \beta_i^V} R_V - c_i^V \beta_i^V \tag{4.8}$$

停泊车辆 i 根据任务请求者的奖励参数 R_V 和其他停泊车辆的策略 β_{-i}^V,理性地决策 β_i^V 从而最大化自身效用。

为了享受计算迁移服务,请求车辆 V 的总服务费用开销为:

$$C_V = p_s^V \alpha_s^V W_V + R_V \tag{4.9}$$

作为服务代理,服务提供商以最小化 C_V 为目标,最大程度地提高用户满意度并同时满足任务要求。首先,要求所有的计算负荷应被完全地分发出去,即:

$$\alpha_s^V + \sum_{i \in \mathcal{J}} \beta_i^V = 1 \tag{4.10}$$

除此之外,也必须满足任务处理的时延要求。对于 MEC 服务器与停泊车辆 i,从数据传输至 CPU 执行产生的时间开销分别为:

$$\begin{cases} d_s^V = \dfrac{\alpha_s^V D_V^{in}}{r_s^{dl}} + \dfrac{\alpha_s^V W_V}{f_s} = l_s^V \alpha_s^V \\ d_i^V = \dfrac{\beta_i^V D_V^{in}}{r_i^{dl}} + \dfrac{\beta_i^V W_V}{f_i} = l_i^V \beta_i^V \end{cases} \tag{4.11}$$

最后,所有区块链共识节点执行 PoW 机制审计计算迁移服务智能合约所产生的平均时延为 d_{abp}。在 PoW 机制中, L 值由全网共识节点个数 m_1、平均共识节点间通信带宽 b、受

网络规模及节点平均审计速度共同影响的因子 m_2 和智能合约数据大小 λ 决定[35],可表示为:

$$d_{abp} = \frac{\lambda}{bm_1} + m_2\lambda \tag{4.12}$$

故要求 $d_s^V + d_{abp} \leqslant L_V, d_i^V + d_{abp} \leqslant L_V, \forall i$。总结起来,服务提供商需要优化解决以下问题:

$$\min_{p_s^V, R_V} C_V$$
$$\text{s. t.} \quad 0 \leqslant \alpha_s^V, \beta_i^V \leqslant 1$$
$$\alpha_s^V + \sum_{i \in I} \beta_i^V = 1$$
$$d_s^V \leqslant L_V - d_{abp}$$
$$d_i^V \leqslant L_V - d_{abp}, \forall i \tag{4.13}$$

将任务请求者与上述两类任务执行者之间的互动过程将被建模为一个典型的双阶段的单主多从的 Stackelberg 博弈模型。请求车辆 V 的服务代理分别决策给予 MEC 服务器和停泊车辆群体的奖励参数 (p_s^V, R_V)。反过来,任务执行者会向服务代理回复要承担的任务大小比例,根据服务奖励来最大化个体效用。特别地,在群体中,每辆停泊车辆通过非合作博弈确定其决策。将此两阶段奖励-参与博弈模型定义如下。

阶段一:服务代理代表任务请求者,作为模型唯一主方,根据停泊车辆群体与 MEC 服务器之间的负荷分配情况,优化给予它们的奖励政策:

$$(p_s^{V*}, R_V^*) = \arg\min_{p_s^V, R_V} C_V(p_s^V, R_V, \alpha_s^V, \beta^V) \tag{4.14}$$

其中,$\beta^V = \{\beta_i^V, i \in \mathcal{I}\}$。

阶段二:各停泊车辆与 MEC 服务器作为模型从方,根据奖励政策,理性选择计算负荷量。不同停泊车辆在群体中以竞争形式争取奖励,在个体之间信息对称条件下,根据总任务奖励 R_V 与其他车辆策略 β_{-i}^V,决策自身策略:

$$\begin{cases} \alpha_s^{V*} = \arg\max_{\alpha_s^V}\{U_s^V(\alpha_s^V, p_s^V)\} \\ \beta_i^{V*} = \arg\max_{\beta_i^V}\{U_i^V(\beta_i^V, \beta_{-i}^V, R_V)\} \end{cases} \tag{4.15}$$

2. 逆向归纳法

为解决上述 Stackelberg 博弈模型,需要找到唯一的 Stackelberg 均衡,此状态为在给定所有从方最佳响应下,主方将在此状态付出最少的费用,同时,所有的从方此时也都没有动机以单方面改变他们的决策。以下定义 Stackelberg 均衡:

$$\begin{cases} C_V(p_s^{V*}, R_V^*, \alpha_s^{V*}, \beta^{V*}) \leqslant C_V(p_s^V, R_V, \alpha_s^{V*}, \beta^{V*}) \\ U_s^V(\alpha_s^{V*}, p_s^{V*}) \geqslant U_s^V(\alpha_s^V, p_s^{V*}) \\ U_i^V(\beta_i^{V*}, \beta_{-i}^{V*}, R_V^*) \geqslant U_i^V(\beta_i^V, \beta_{-i}^{V*}, R_V^*), \forall i \end{cases} \tag{4.16}$$

易知 U_s^V 是关于 α_s^V 的凹函数,根据一阶最优性条件,解得 MEC 服务器的最佳响应为:

$$\alpha_s^{V*} = \frac{p_s^V W_V - c_s^V}{2n_s W_V^2} \tag{4.17}$$

服务提供商在掌握 c_s^V, n_s 基础上，可获知 α_s^{V*}。对于停泊车辆 i，其最佳响应记为 β_i^{V*}。将 U_i^V 关于 β_i^V 求导：

$$\begin{cases} \dfrac{\partial U_i^V}{\partial \beta_i^V} = \dfrac{S_i \sum S_{-i}\beta_{-i}^V}{\left(\sum\limits_{i\in\mathcal{J}} S_i^V \beta_i^V\right)^2} R_V - c_i^V \\[4mm] \dfrac{\partial^2 U_i^V}{\partial \beta_i^{V2}} = -\dfrac{2(b_i^V)^2 \sum\limits_{i\in\mathcal{J}} S_i \beta_i^V \sum S_{-i}\beta_{-i}^V}{\left(\sum\limits_{i\in\mathcal{J}} S_i^V \beta_i^V\right)^4} R_V < 0 \end{cases} \tag{4.18}$$

可知 U_i^V 是关于 β_i^V 的凹函数，根据一阶最优性条件，得到：

$$\frac{\sum S_{-i}\beta_{-i}^V}{\left(\sum\limits_{i\in\mathcal{J}} S_i \beta_i^V\right)^2} = \frac{c_i^V}{S_i^V R_V} \tag{4.19}$$

进一步解得停泊车辆 i 的最佳响应为：

$$\beta_i^{V*} = \max\left(\sqrt{\frac{R_V \sum S_{-i}\beta_{-i}^V}{S_i c_i^V}} - \frac{\sum S_{-i}\beta_{-i}^V}{S_i}, 0\right) \tag{4.20}$$

将式（4.20）对所有的停泊车辆进行累加：

$$\sum_{i\in\mathcal{J}} S_i \beta_i^{V*} = \frac{(|\mathcal{J}|-1)}{\sum\limits_{i\in\mathcal{J}}\dfrac{c_i^V}{S_i}} R_V \tag{4.21}$$

可得：

$$\beta_i^{V*} = \frac{(|\mathcal{J}|-1)R_V}{S_i \sum\limits_{i\in\mathcal{J}}\dfrac{c_i^V}{S_i}} - \frac{(|\mathcal{J}|-1)^2 c_i^V R_V}{\left(S_i \sum\limits_{i\in\mathcal{J}}\dfrac{c_i^V}{S_i}\right)^2} \tag{4.22}$$

假定存在某一子集 $\mathcal{J}\subseteq\mathcal{J}$，使得 $\beta_i^{V*}>0, i\in\mathcal{J}$，即：

$$\frac{c_i^V}{S_i} \leqslant \frac{\sum\limits_{i\in\mathcal{J}}\dfrac{c_i^V}{S_i^V}}{|\mathcal{J}|-1}, \quad \forall i\in\mathcal{J} \tag{4.23}$$

最终解得：

$$\beta_i^{V*} = \begin{cases} \dfrac{(|\mathcal{J}|-1)R_V}{S_i \sum\limits_{i\in\mathcal{J}}\dfrac{c_i^V}{S_i}} - \dfrac{(|\mathcal{J}|-1)^2 c_i^V R_V}{\left(S_i \sum\limits_{i\in\mathcal{J}}\dfrac{c_i^V}{S_i}\right)^2}, & i\in\mathcal{J} \\[6mm] 0, & 其他 \end{cases} \tag{4.24}$$

获取集合 $\mathcal{J}$ 的方法可参考文献[36]。同时，可知 $\sum\limits_{i\in\mathcal{J}}\beta_i^{V*} = \phi R_V$，其中，

$$\phi = \sum_{i\in\mathcal{J}} \psi_i^V = \sum_{i\in\mathcal{J}}\left[\frac{(|\mathcal{J}|-1)R_V}{S_i \sum\limits_{i\in\mathcal{J}}\dfrac{c_i^V}{S_i}} - \frac{(|\mathcal{J}|-1)^2 c_i^V R_V}{\left(S_i \sum\limits_{i\in\mathcal{J}}\dfrac{c_i^V}{S_i}\right)^2}\right] \tag{4.25}$$

服务提供商通过掌握 $\{S_i, c_i^V, i\in\mathcal{J}\}$，可获知 $\sum\limits_{i\in\mathcal{J}}\beta_i^{V*}$。

　　在获得各任务执行者的先验知识基础上,服务提供商提前预测各从方的最佳响应,将原始的优化问题转换为:

$$\min_{p_s^V,R_V,i\in\mathcal{J}} \frac{(p_s^V)^2 W_V - c_s^V p_s^V}{2n_s W_V} + R_V$$

$$\text{s. t.} \quad p_s^{V,\min} \leqslant p_s^V \leqslant p_s^{V,\max}$$

$$0 \leqslant R_V \leqslant R_V^{\max}$$

$$\frac{p_s^V}{2n_s W_V} + \phi R_V = 1 + \frac{c_s^V}{2n_s W_V^2} \tag{4.26}$$

其中,

$$\begin{cases} p_s^{V,\min} = \dfrac{c_s^V}{W_V} \\[2mm] p_s^{V,\max} = \dfrac{2n_s W_V (L_V - d_{abp})}{l_s^V} \dfrac{c_s^V}{W_V} \\[2mm] R_V^{\max} = \dfrac{(L_V - d_{abp})}{\max(\{\phi_i^V l_i^V\}_{i\in\mathcal{J}})} \end{cases} \tag{4.27}$$

设目标函数为 G,关于 p_s^V 求导:

$$\begin{cases} \dfrac{\partial G}{\partial p_s^V} = \dfrac{p_s^V}{n_s} - \dfrac{c_s^V}{2n_s W_V} - \dfrac{1}{2\phi n_s W_V} \\[3mm] \dfrac{\partial^2 G}{\partial p_s^{V2}} = \dfrac{1}{n_s} > 0 \end{cases} \tag{4.28}$$

同样地,根据一阶最优性条件,求解:

$$p_s^{V*} = \frac{c_s^V}{2W_V} + \frac{1}{2\phi W_V} \tag{4.29}$$

进一步考虑 p_s^{V*} 的上、下限,更新上述优化解为:

$$p_s^{V*} = \begin{cases} p_s^{V,\min}, & \dfrac{c_s^V}{2W_V} + \dfrac{1}{2\phi W_V} \leqslant p_s^{V,\min} \\[3mm] \dfrac{c_s^V}{2W_V} + \dfrac{1}{2\phi W_V}, & p_s^{V,\min} < \dfrac{c_s^V}{2W_V} + \dfrac{1}{2\phi W_V} \leqslant p_s^{V,\max} \\[3mm] p_s^{V,\max}, & \dfrac{c_s^V}{2W_V} + \dfrac{1}{2\phi W_V} > p_s^{V,\max} \end{cases} \tag{4.30}$$

基于 p_s^{V*},解得:

$$R_V^* = \frac{1}{\phi} + \frac{c_s^V}{2n_s \phi W_V^2} - \frac{p_s^{V*}}{2n_s \phi W_V} \tag{4.31}$$

　　当服务提供商被授权以合法访问智能合约,可以获得智能合约中记录的所有任务执行者的先验知识时,提前预测出各任务执行者的最佳响应(α_s^{V*},β_i^{V*},$\forall i$),从而将原始的优化问题转换,进而求解得到(p_s^{V*},R_V^*)。考虑到模型中其他参考者选择的策略,包括 MEC 服务器、每辆停泊车辆和请求车辆在内的所有参与者在给定(p_s^{V*},R_V^*)分别具有最优的效用和成本,故可达到唯一的 Stackelberg 均衡状态。解决方案(p_s^{V*},R_V^*)作为建议传输到任务请求者的客户端。任务请求者将此奖励参数告知 MEC 服务器和各停泊车辆,按照预测,它们分别回复 α_s^{V*},β_i^{V*},并将对应的决策写入智能合约中。

4.2.3　实验评估

1. 参数设置

搭建轻量级联盟区块链(10 个节点),运用 EVM 编写并运行智能合约,调用智能合约大约需要 374 200 gas 量。设置计算任务参数为输入数据 5 000 KB,计算负荷 1 giga CPU 周期数,时延 200 ms。更多的仿真参数见表 4.1。

表 4.1　仿真参数

参　数	值
雾服务器的计算频率 f_s^V	5 GHz
雾服务器的功率消耗参数 $[A_1, A_2, \tau]$	[3.2, 68, 3]
雾服务器的接收功率和数据下行传输速率 ρ_s^{rx}, r_s^{dl}	0.4 W, 10 Mbit/s
雾服务器状态相关的参数 n_s	0.5
停车行为: $g(t), t \in [0, t^{max}]$	基于文献[31]
泊车选择的权重系数和阈值 $\bar{\omega}, F_{th}, b_{th}$	0.5, 2 GHz, 0.75
第 i 个泊车的计算频率 f_i^V	[0.5, 2] GHz
第 i 个泊车的接收功率 ρ_i^{rx}	[30, 33] dBm
第 i 个泊车与本地第 i 个路侧单元的距离 d_i	50~350 m
路侧单元的传输功率 ρ_{rsu}^{tx}	33 dBm
第 i 个泊车的 CPU 电容开关参数 κ_i	10^{-26}
第 i 个泊车的下行信道模型参数 $[B_i, g_i, \varepsilon, N_0]$	[1, 2] MHz, 1/47.86 dBm, 2.75, −95 dBm/Hz
单位能耗的价格 p_e	0.1 USD/Joule
阈值精度 ζ	10^{-3}

2. 方案比较

如表 4.2 所示,本书方案提倡联合 MEC 服务器与各停泊车辆共同完成给定的计算任务,比传统的只调度 MEC 服务器或者只调度停泊车辆完成任务的方案更具优势。一方面,MEC 服务器处理计算负荷的服务费用高,所以本书方案在服务费用上优于只调度 MEC 服务器的方案;另一方面,停泊车辆群体的计算资源有限,因此只调度停泊车辆的方案无法保证任务处理时延。若采用公平性定价原则,即要求 MEC 服务器与各停泊车辆在处理单位计算负荷费用一致条件下,此方案的服务费用高于本书方案。与现有方案对比,本方案可以在任务时延要求范围内,通过合理分配 MEC 服务器与停泊车辆之间的计算负荷,最小化用户的服务费用。

表 4.2　不同方案的性能比较

策　略	支付总额(美元)	执行时间/ms
本方案	5.84	180
基于雾服务器的车载雾计算[33]	10.36	204
基于泊车的车载雾计算[1]	1.98	1 948
同一奖励策略的泊车边缘计算	9.05	141

3. 参数影响

如图 4.3 所示,本书所设计的负荷分配方案可以根据任务大小、时延要求和能耗高低等条件动态地、有效地分配不同任务执行者之间的计算负荷。如图 4.4 所示,当任务的计算负荷比较小或者时延约束比较宽松时,方案可以把绝大多数计算负荷都分配给廉价的、计算能力有限的停泊车辆群体执行,这样大大地减少用户的服务费用开销。但随着任务的计算负荷增加和时延约束紧张时,为了及时完成计算任务,方案不得不将越来越多的计算负荷分配给高价的、计算能力稍强的 MEC 服务器执行,使得用户的服务费用开销显著增加。当 MEC 服务器的计算力 f_s^V 提高时,执行单位计算负荷的能耗也随之增大,此时为了激励 MEC 服务器承担相同数量的计算负荷,对应地需要提高给予它的奖励参数 p_s^V。反过来,如果任务时延约束宽松或者停泊车辆群体的计算力普遍提高,那么可以减少 MEC 服务器所承担的计算负荷,理性降低给予它的奖励参数 p_s^V。

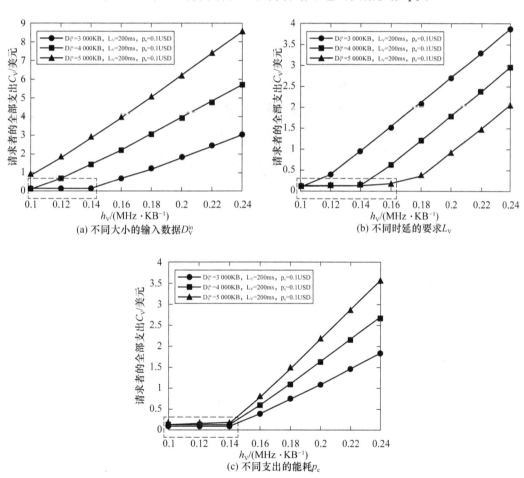

图 4.3　不同参数条件下的用户服务费用

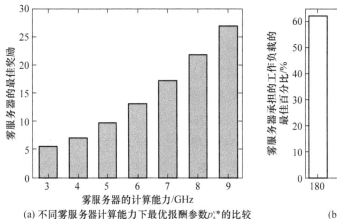

(a) 不同雾服务器计算能力下最优报酬参数 p_a^x* 的比较

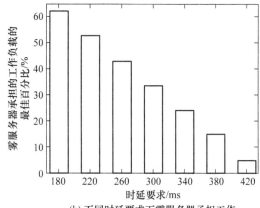

(b) 不同时延要求下雾服务器承担工作
负载的最佳百分比的比较

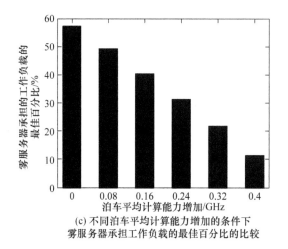

(c) 不同泊车平均计算能力增加的条件下
雾服务器承担工作负载的最佳百分比的比较

图 4.4　在不同参数条件下的 MEC 服务器策略

4.3　基于行为激励的智能泊车应用

通过吸引车辆进入停车场泊位,停车场运营商组织利用停泊车辆空闲车载资源执行计算任务,从而对外提供计算迁移服务而获利。为此,停车场运营商需要根据当前的停车场容量约束设计合适的激励机制。在实际应用中,停车场运营商借助人工智能技术开发出泊位预测模型以实时预测停车场泊位利用情况。不妨假设所有停车场运营商采用统一的学习模型,我们称之为全局模型。为了提高模型精度,传统方案采用基于数据集中的模型训练方法,强制要求各停车场运营商上传各自拥有的历史停车数据,收集所有的训练数据用于集中式模型训练。然而,大多数停车场运营商为了保护车辆用户隐私和商业机密,不愿意透露历史停车数据,这就会产生棘手的"数据孤岛"问题。因此,泊车边缘计算需要面向停车场运营商提出数据隐私保护的模型训练方法,即在不要求数据收集的前提下,通过多停车场运营商协同训练全局模型的分布式机器学习方法。

4.3.1　基于联邦学习的车位预测方法

对停车场泊位数据具有典型的时间序列特征并且变化过程具有层次性、周期性、相似性和可预测性等特点,本书采用长短期记忆(Long Short-Term Memory,LSTM)技术以较高精度定期地预测停车场内的泊位占有率情况。进一步地,本书利用人工智能领域新兴的联邦学习框架探索如何联合多停车场运营商在保护数据隐私条件下协同训练学习模型的方法。联邦学习确保在训练过程各停车场运营商的历史停车数据始终保留在本地,并协同它们通过并行计算形式加速模型训练,联合提高泊位预测精度。

以下介绍 LSTM 模型训练目标。如图 4.5 所示,存在专门的停车服务应用开发商研发出共享使用的 LSTM 模型(即全局模型),并分发给各停车场运营商以预测泊位占有率。不同停车场运营商根据记录时间得到不同时间间隔的停车场实际泊位占有率序列。令某停车场运营商对原始序列数据(共含 x 个时间戳)运用时间窗为 w 的数据预处理方法,可得到 LSTM 模型输入为 $\mathcal{X}=\{X_1,X_2,\cdots,X_M\}$,其中 $M=x-w+1$。假定对应的实际数据为 $\mathcal{Y}=\{\gamma_1,\gamma_2,\cdots,\gamma_M\}$,停车场运营商投入自身训练数据集优化 LSTM 模型的目标函数设置为最小化以下均方误差损失函数:$\min_{\Theta}\mathcal{L}(\Theta,D)\leftrightarrow\min_{\Theta}\frac{1}{M}\sum_m(F_{\Theta}(X_m)-Y_m)^2$,其中 F_{Θ} 表示给定参数 Θ 的 LSTM 模型。令 $\mathcal{D}_j$ 表示停车场运营商 j 所掌握的训练数据集,$\|\mathcal{D}_j\|$ 表示训练数据集大小。在联邦学习算法框架下,应用开发商部署参数服务器,以不直接收集 J 个停车场运营商的训练数据为原则,利用所有停车场运营商的训练数据高效地训练全局模型。参考谷歌开发的 FedAvg 算法,将本书的联邦学习过程目标函数设置为:

$$\min_{\Theta}\frac{\|\mathcal{D}_j\|}{\sum_{1\leqslant j\leqslant J}\|D_j\|}\sum_{1\leqslant j\leqslant J}\mathcal{L}(\Theta,\mathcal{D}_j)\tag{4.32}$$

在联邦学习算法中,完整的全局模型训练过程包括以下步骤。

步骤 1:下载全局模型。当全局模型被初始化时,应用开发商通知每个停车场运营商下载。

步骤 2:执行本地训练。根据参数服务器的要求,每个停车场运营商利用本地数据执行本地模型训练任务,随后将更新的模型参数上传至参数服务器。

步骤 3:上传模型参数。参数服务器收集所有的模型参数,通过加权平均操作聚合它们以更新模型参数 Θ。

步骤 4:更新全局模型。全局模型被更新,然后重新下发至各停车场运营商,供它们执行新一轮的本地模型训练。如此的本地模型训练和参数聚合迭代重复进行直到全局模型最终收敛。

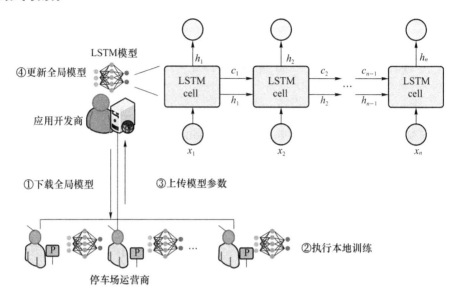

图 4.5　联邦学习算法框架下的 LSTM 模型训练

上述全局模型的整个训练过程充分使用所有停车场运营商的训练数据,并且主要通过点对点的协作执行,无须交换原始数据,从而保障数据安全与隐私。

接下来,介绍 LSTM 的本地模型训练过程。以停车场运营商 j 为例。相比于 RNN,LSTM 采用记忆单元代替了 RNN 链式结构中的隐层节点,实现了时序信息保留和长期记忆。LSTM 记忆单元的主要结构是门(gate)和记忆单元(cell),分别用 $H_j = \{h_1, h_2, \cdots, h_{\|D_j\|}\}$ 和 $O_j = \{o_1, o_2, \cdots, o_{\|D_j\|}\}$ 表示隐藏层和输出层状态,用 $W^{\cdot h}$ 和 $W^{\cdot x}$ 表示对应的权重参数,$b^{\cdot}$ 为对应的偏差参数。在 t 时刻,遗忘门 $\Gamma_t^f = \sigma(W^{fh}h_{t-1} + W^{fx}x_t + b^f)$,其中 x_t 是此时刻的输入,h_{t-1} 是前一时刻的隐藏层状态,$\sigma(\cdot)$ 表示用于归一化的 Sigmoid 函数。遗忘门决定有多少信息将从记忆单元消除。至于更新门,$\Gamma_t^u = \sigma(W^{uh}h_{t-1} + W^{ux}x_t + b^u)$ 决定有多少信息将保存于记忆单元。候选记忆单元 $\tilde{c}_t = \tanh(W^{ch}h_{t-1} + W^{cx}x_t + b^c)$ 指示必须保存记忆单元的候选信息。基于 $\Gamma_t^f, \Gamma_t^u, \tilde{c}_t$,更新记忆单元 $c_t = \Gamma_t^f \odot c_{t-1} + \Gamma_t^u \odot \tilde{c}_t$,其中 $\odot$ 表示两个向量之间的点乘操作。最后更新此时的隐藏层和输出层状态:

$$\begin{cases} o_t = \sigma(W^{oh}h_{t-1} + W^{ox}x_t + b^o) \\ h_t = o_t \odot \tanh(c_t) \end{cases} \tag{4.33}$$

将 o_t 作为多层感知器的输入计算下一时间序列预测值 $\hat{x}_{t+1}$。每一次本地模型训练后,停车场运营商 j 将权重参数 $W^{\cdot h}, W^{\cdot x}$ 和偏差参数 $b^{\cdot}$ 上传至参数服务器,由其进行参数聚合和全局模型更新。更新之后的全局模型再次发送给各停车场运营商以执行新一轮的本地模型训练。

4.3.2　基于深度强化学习的激励机制

现有一批待处理的停车请求,各停车场运营商制定合理的激励政策吸引车辆前往指定的停车场。激励政策要求车辆在停泊时间内投入空闲车载资源接收处理给定的计算任务。车辆根据不同停车场运营商的激励政策,以概率性的方式选择进入不同停车场,并决策向对应的停车场运营商共享多少计算资源。

假设存在 I 辆车与 J 个停车场。当车辆 $i(1 \leqslant i \leqslant I)$ 接受停车场运营商 $j(1 \leqslant j \leqslant J)$ 的激励政策 r^j 而前往指定停车场,并决策共享空闲的计算资源数量为 f_i^j 来处理给定的计算负荷 w^j,可获得以下效益函数:$U_i^j = p_i^j r^j f_i^j d_i - \kappa_i f_i^{j2} w^j$,其中 $0 < p_i^j \leqslant 1$ 表示车辆依据目的地而对不同位置停车场的固定偏好,d_i 是车辆预订的停车时长,κ_i 为车载单元CPU 处理能耗的硬件常数,此处不妨只考虑 CPU 执行计算负荷所产生的能耗 $\kappa_i f_i^{j2} w^j$,而忽略数据传输时产生的能耗,激励政策 r^j 表示停车场运营商单位时长内征用单位计算资源所给予车辆的奖励,w^j 为停车场运营商要求车辆参与任务处理的平均计算负荷量。在实际应用中,受不同奖励参数的影响,车辆的停车选择为概率性分布,令 $\rho_i^j = r^j / \sum\limits_{1 \leqslant k \leqslant J} r^k$ 表示车辆在获知所有 J 个停车场运营商所提供的激励政策后,选择进入停车场 j 的概率。因此,车辆的期望效用函数可表示为 $\mathcal{U}_i(f_i, r) = \sum\limits_{1 \leqslant j \leqslant J} \rho_i^j U_i^j$,其中 $f_i = \{f_i^1, \cdots, f_i^J\}, r = \{r^1, \cdots, r^J\}$。

对停车场运营商 j,通过对外提供计算迁移服务单位时长内单位计算资源的平均收入为 g^j,除去激励成本 r^j,期望效用函数可表示为 $\mathcal{V}(r^j, r^{-j}, f^j) = \sum\limits_{1 \leqslant i \leqslant I} \rho_i^j (g^j - r^j) f_i^j d_i$,其中 r^{-j} 表示除去停车场运营商 j 之外所有其他停车场运营商的策略集合,$f^j = \{f_1^j, \cdots, f_I^j\}$。在决策激励政策时,要求 r^j 在合理范围内,即 $r^j \leqslant r_{\max}^j$,并且避免吸引过多车辆前往,超出接下来有效泊位数量 n^j,即 $\sum\limits_{1 \leqslant i \leqslant I} \rho_i^j \leqslant n^j$,其中 n^j 为预测值,由上述的基于联邦学习的车位预测方案可得。易知,为了吸引车辆前往并共享车载资源,停车场运营商之间存在竞争,由此产生一个非合作博弈模型。

本书将停车场运营商给予车辆的激励设计问题建模成一个两阶段的多主多从的Stackelberg 博弈模型,其中停车场运营商为主方,车辆为从方,优化问题分为以下两个阶段:

$$\text{阶段一}:\forall j, r^{j*} = \arg \max_{r^j} \mathcal{V}(r^j, r^{-j}, f^j)$$

$$\text{阶段二}:\forall i, j, f_i^{j*} = \arg \max_{f_i^j} \mathcal{U}_i(f_i, r)$$

在阶段一,各停车场运营商之间存在非合作博弈模型,单个停车场运营商参考其他停车场运营商的策略和全体车辆面对激励政策的响应,在给定的停车场容量约束下决策自身的激励政策;在阶段二,给定不同停车场运营商,各车辆决策出如果接受某停车场运营商邀请应该投入多少计算资源处理给定的计算负荷,从而最大化个体期望效用。

　　类似于之前的解决方案,传统 Stackelberg 博弈模型的求解方法是利用逆向归纳法,即各停车场运营商在已知所有车辆参与停车选择、任务处理的相关参数,提前分析不同从方在面对不同激励政策时的最佳响应,并获知其他停车场运营商的策略集合,更新自身目标函数以优化求解决策变量。基于逆向归纳法的解决方案详见文献[36]。然而,在实际应用中,绝大多数的车辆为了保护个人隐私不愿意对外透露敏感参数,这使得上述决策过程中出现信息不对称条件而无法进行。为此,本书转而运用深度强化学习工具,将所有主方实体视为智能体,通过与环境(由从方构成)的迭代交互,不断优化智能体策略选择,并保证在有限轮次内策略收敛,从而学习到一个近似最优策略。具体方法如图 4.6 所示。

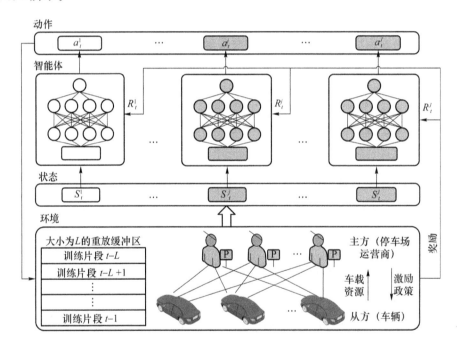

图 4.6　深度强化学习模型

(1)学习机制

　　在每个训练片段 $t(1 \leqslant t \leqslant T)$ 中,各停车场运营商 j 作为主方,与环境交互获知当前时刻的状态信息 S_t^j,决策出动作 a_t^j 并发布激励政策 p_t^j。之后,环境中每个车辆作为从方,反馈其最佳响应。通过收集所有车辆的策略,环境计算每个停车场运营商的学习奖励 R_t^j。同时,环境将所有动作的历史数据存储到一个大小为 L 的重放缓冲区。项目认为,之前的应用开发商可以成为维护激励机制重要的协调者,以协助构造每个智能体的学习环境,通过收集每个参与者的历史策略并实时更新重放缓冲区,从其中提取相关信息为各停车场运营商生成新状态,使得它们进入下一个训练片段。

（2）模型建立

① 状态空间:为了获取更多的历史信息,设置停车场运营商 j 作为智能体通过与环境交互,获知当前训练片段 t 的状态为 $S_t^j = \{r_{t-L}^{-j}, r_{t-L+1}^{-j}, \cdots, r_{t-1}^{-j}, g^j\}$。

② 动作空间:给定 $r^j \in [r_{\min}^{j_{\max}}]$,设置当前训练片段 t 的动作 $a_t^j = r_t^j - r_{\min}^{j_{\max}}$。

③ 奖励函数:根据上述期望效用函数并考虑停车场容量约束,提出停车场运营商 j 作为智能体的在当前训练片段 t 的奖励函数

$$R_t^j = \begin{cases} \sum\limits_{1 \leqslant i \leqslant I} \rho_i^j (g^j - r_t^j) f_i^j d_i, & \sum\limits_{1 \leqslant i \leqslant I} \rho_i^j \leqslant n_t^j \\ \dfrac{n_t^j}{I} \sum\limits_{1 \leqslant i \leqslant I} (g^j - r_t^j) f_i^j d_i - \mathcal{P}\left(\sum\limits_{1 \leqslant i \leqslant I} \rho_i^j\right), & \text{其他} \end{cases} \tag{4.34}$$

$\mathcal{P} = \dfrac{\iota^j}{n_t^j} \max\left(\sum\limits_{1 \leqslant i \leqslant I} \rho_i^j - n_t^j, 0\right)$ 定义成关于停车容量约束 n_t^j 的惩罚函数,ι^j 为调节因子。

④ 学习目标:停车场运营商 j 中智能体的激励政策可表示为含参函数 $\pi_\theta^j : S^j \to a^j$,其中 θ^j 为智能体学习的决策模型参数。令 $\Pi = \{\pi_\theta^j, \forall j\}$ 表示全体停车场运营商的决策函数,则智能体 j 的状态价值函数 $V_{\pi_\theta}^j(S^j)$ 和动作价值函数 $Q_{\pi_\theta}^j(S^j, a^j)$ 可表示为:

$$V_{\pi_\theta}^j(S^j) = \mathbb{E}\left[\bar{R}_t^j \mid S_t^j = S^j, \Pi\right] \tag{4.35}$$

$$Q_{\pi_\theta}^j(S^j, a^j) = \mathbb{E}\left[\bar{R}_t^j \mid S_t^j = S^j, a_t^j = a^j, \Pi\right] \tag{4.36}$$

其中,$\bar{R}_t^j = \sum\limits_{k=t}^{T} \gamma^{k-t} R_t^j$ 为折扣累计奖励,当中 $\gamma \in [0,1]$ 为折扣因子。因此,智能体 j 在 DRL 的学习目标可表示为:

$$\theta_*^j = \arg\max_{\theta^j} L_j(\pi_\theta^j) = \arg\max_{\theta^j} \mathbb{E}\left[V_{\pi_\theta}^j(S_0^j)\right] = \arg\max_{\theta^j} \mathbb{E}\left[Q_{\pi_\theta}^j(S_0^j, a_0^j) \mid \pi_\theta^j\right] \tag{4.37}$$

（3）模型训练

在上述博弈中每个停车场运营商都拥有自身的智能体,每个智能体中包含两个神经网络模型,分别对应演员神经网络和评判家神经网络。根据策略优化定理,上述学习目标的梯度为:

$$\nabla_{\theta^j} L^j = E_{\pi_\theta^j(S^j)}\left[\nabla_{\theta^j} \lg \pi_\theta^j(S^j, a^j) A_{\pi_\theta}^j(S^j, a^j)\right]$$

$$\approx E_{\pi_\theta^j(S^j)}\left[P^j \nabla_{\theta^j} \lg \pi_\theta^j(S^j, a^j) A_{\pi_\theta}^j(S^j, a^j)\right] \tag{4.38}$$

其中,$P^j = \dfrac{\pi_\theta^j(S^j \mid a^j)}{\hat{\pi}_\theta^j(S^j \mid a^j)}$,$A_{\pi_\theta}^j(S^j, a^j) = Q_{\pi_\theta}^j(S^j, a^j) - V_{\pi_\theta}^j(S^j)$。具体地,$A_{\pi_\theta}^j(S^j, a^j)$ 为优势函数（Advantage Function）,$\hat{\pi}_\theta^j(S^j, a^j)$ 表示用于重要性采样（Importance Sampling）的策略。上述优化目标可采用演员评判家（Actor-critic）深度强化学习框架中的 Proximal Policy Optimization（PPO）算法进行训练,优势在于其具有快速收敛且易于使用的特性。因此,

基于 PPO 算法经过梯度裁剪后的梯度可表示为:

$$\nabla_{\theta^j} L^j \approx E_{\pi_\theta^j(s^j)} \left[\nabla_{\theta^j} \lg \pi_\theta^j(S^j, a^j) C_{\pi_\theta}^j(S^j, a^j) \right] \tag{4.39}$$

进一步地,梯度裁剪函数的具体表达式为:

$$C_{\pi_\theta}^j(S^j, a^j) = \min \left[P^j A_{\pi_\theta}^j(S^j, a^j), \mathcal{F}(P^j) A_{\pi_\theta}^j(S^j, a^j) \right] \tag{4.40}$$

$$\mathcal{F}(P^j) = \begin{cases} 1+\varepsilon, & P^j > 1+\varepsilon \\ P^j, & 1-\varepsilon \leqslant P^j \leqslant 1+\varepsilon \\ 1-\varepsilon, & P^j < 1-\varepsilon \end{cases} \tag{4.41}$$

其中,ε 为可调整的超参。基于以上数学推导,可根据梯度上升及下降方法分别对演员与评判家神经网络模型进行迭代。根据经验设计,可将演员与评判家神经网络模型设置为具有两个隐藏层的全连接网络。一旦演员、评判家神经网络被训练好,各停车场运营商就可以依据自身的演员神经网络输出制定各自的最优激励政策。

4.3.3　实验评估

1. 参数设置

为了测试基于联邦学习的车位预测方法性能,实验采用来自 Birmingham 的真实停车数据集。该数据集包括英国伯明翰国家停车场运营的停车历史记录,从上午 8:00 到下午 5:00 每 30 分钟更新一次。该实验随机选择了 3 个停车场"BHMEURBRD01""BHMEURBRD02""Bull Ring",在每个停车场的本地数据集中,训练数据集与验证数据集之比为 80%:20%。所有停车场运营商采用共享的 LSTM 模型,隐藏状态的大小为256。为了提取 LSTM 模型的输入时间序列,设置滑动窗口大小 $w=15$。

停车场运营商组织车辆进入停车场成为边缘计算节点,从而对外提供计算迁移服务。在不同的停车场中,停泊车辆随机接收不断到达的计算任务,持续时间为 5~20 分钟,假定计算任务的到达过程满足泊松过程,平均到达率和工作量分别取自每分钟 1~3 个和 2~5 GHz CPU 周期数。设 $I=35$ 和 $J=3$。对于不同停泊车辆,计划的停车时间 d、有效计算能力 f、偏好参数 p 和硬件参数 κ 分别满足以下范围的均匀分布:U[20,100]分钟,U[0.5,3.5] GHz,U[0,1] 和 U[1,10] * 10^{-28}。对于不同停车场运营商,收入参数 g 满足均匀分布 U[3,5]。至于 DRL 实验,在带有 CUDA 10.1 的 Ubuntu 20.04 LTS 平台上使用 Tensorflow 1.14 版本进行,设置参数 $L=5$,$r^{\min}=0.2$,$r^{\max}=3$,$\iota=2$,$T=20$,$\gamma=0.95$ 和 $\varepsilon=0.1$。

2. 性能比较

在所设计的基于联邦学习的车位预测方法中,所有停车场运营商在透露自身训练数据的条件下,协同训练一个共享的 LSTM 模型,联合提高模型精度。本书所提方案与以下基准方案进行比较:所有停车场运营商也可以运用一种基于原始联邦学习的车位预测方法,不妨命名它为原始联邦学习方案(FedMLP),它采用多层感知器模型作为联邦学习中的全局模型。在传统解决方案中,每个停车场运营商仅利用本地数据对其 LSTM 模型进行单独训练。在上述两种基于联邦学习的方案中,将本地批量大小设置为 64,本地迭代次数设置为 1。

　　采用均方误差(Mean Square Error,MSE)来评估不同方案下 LSTM 模型训练效果。图 4.7 给出了三种方案的 MSE 损失。所设计方案确保不同停车场运营商的本地模型的知识在它们之间安全共享,同时应用 LSTM 模型进行准确的车位预测。因此,所提方案的收敛速度明显快于其他两种基准方案。实验结果表明,与基准方案相比,所提方案保证每个停车场运营商在模型测试阶段获得更小的 MSE,进而提高它们的车位预测精度。

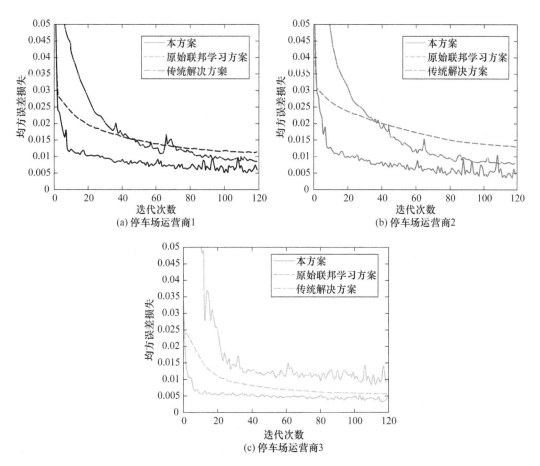

图 4.7　不同方法的训练损失的比较

关于 Stackelberg 博弈模型的求解,本书提出一种基于 DRL 的解决方案。为了求解 Stackelberg 均衡,在 DRL 解决方案中将各模型主方(每个停车场运营商)视为智能体,根据 Stackelberg 博弈模型设计合适的学习目标与分布式学习方法,使智能体通过不断地与环境(由所有从方所构成)交互,最终寻找到近似最优的策略。传统解决方案基于集中式决策,在收集所有停车场运营商和车辆的个体信息作为先验知识后,运用 BRD(Best Response Dynamic)算法在模型主方侧迭代求解出 Stackelberg 均衡。为了便于比较,此处两种方案均不考虑停车容量限制,故在所提 DRL 方案中移除惩罚函数项。如图 4.8 所示,我们比较了所提 DRL 方法与传统的集中式方法的性能。这两种方法的收敛性得到了验证,易知集中式方法的收敛速度相对较快,这得益于完美的完全信息条件。此外,我们观察到 DRL 方法的学习误差非常小,可知 DRL 方法最终可以收敛到一个近似最优的解决方案。总结起来,DRL 可以在有限的迭代内得到接近集中式方法的解决方案,并且是在不收集所有 Stackelberg 博弈模型主从方的个体信息条件下实现,从而达到保护个人隐私的目的。

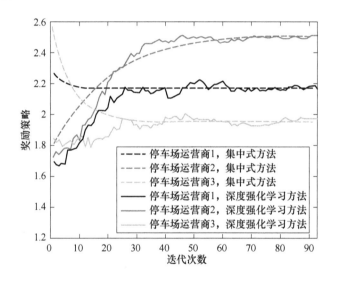

图 4.8　没有停车容量限制的不同方法之间的性能比较

图 4.9 比较了本书基于 Stackleberg 博弈和现有线性定价两种方案下某停车场运营商的期望效用。这里不妨以第 1 个停车场运营商为观察对象,设置各停车场的容量约束为 $[35,20,5]$。根据预测的可用停车位数量 n^1,在线性定价方案中此停车场运营商的奖励策略为 $r^1 = n^1$,其中 $\zeta \in [r^{min}/n^1, r^{max}/n^1]$ 是比例因子。与线性定价方案相比,本书所提方案首先运用 Stackelberg 博弈模型建模激励机制中的行为交互,随后通过 DRL 方法推导出各停车场运营商的最优奖励策略。由图 4.9 可知,在线性定价方案中,停车场运营商的期望效用随 ζ 的变化而变化。在实际应用中,停车场运营商可以挑选 ζ 来确定合适

的奖励策略,但这是一项具有挑战性的任务,不能总是保证停车场运营商获得较高的期望效用。假定通过遍历的方法,获得最优的 ζ 从而最大化期望效用。我们发现本书所提方案得到的期望效用也可以显著地接近上述最大值,近似误差小于 6%。另外,线性定价方案并不确保获得可行解,因为此基准方案忽略了停车场容量约束。相反地,我们的方案可以在给定的停车容量约束下快速地寻找到可行且近似最优的奖励策略。

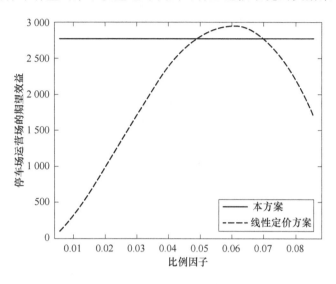

图 4.9　不同方案下 PLO 的预期效用比较

3. 参数影响

首先研究 DRL 方法在不同停车容量约束下的性能表现。为简单起见,考虑以下三种停车场容量约束 $[n^1, n^2, n^3]$ 情况,即情况 1:$[15,20,5]$,情况 2:$[25,20,5]$ 和情况 3:$[35,20,5]$。由图 4.10 可见,所设计的 DRL 方法可以确保在给定停车场容量约束下,各停车场运营商的奖励策略均能收敛。通过采用适当的奖励策略,停车场运营商可以很好地控制选择进入停车场车辆的期望数量,如图 4.11 所示。对于某停车场运营商,奖励策略 r 是指单位时间内征用单位计算资源给予车辆的服务奖励,一般会随着停车容量约束的降低而减少。换言之,在给定较小的 n^i 值时,停车场运营商 j 采用较少的奖励 r^j 以避免吸引过多的车辆前往停车场导致停车场内部拥堵。例如,当第 1 个停车场运营商在情况 1 中只有 $n^1 = 15$ 个空闲停车位时,r^1 主要受当前停车容量约束的影响。这导致 Stackelberg 均衡解需要满足等式约束 $\sum_{1 \leqslant i \leqslant I} \rho_i^1 = n^1$。第 3 个停车场运营商也有类似的观察结果,因为此时它只有 5 个空闲停车位。在情况 2 中,n^1 增加至 25 个,此时它拥有最多的空闲停车位,这样第 1 个停车场运营商可以按需提高 r^1,最终计算出较高的 r^1。在获知 r^1 明显提高后,其他两个停车场运营商意识到更多的车辆将被第 1 个停车场运营商所吸引,于是他们相应地减少奖励策略,这可以很好地节省激励成本,成为他们提高期望效用的一种理性选择。在情况 3 中,随着 n^1 的继续增加,r^2 和 r^3 进一步减少。为了有效提高期望效用,第 1 个停车场运营商可以降低额外的奖励成本,因为稍微降低的 r^1 相较于先前大幅减少的 r^2 和 r^3 仍然可以吸引足够多的车辆。

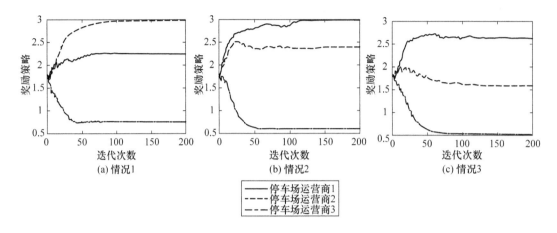

图 4.10　在不同停车容量约束下 DRL 的收敛

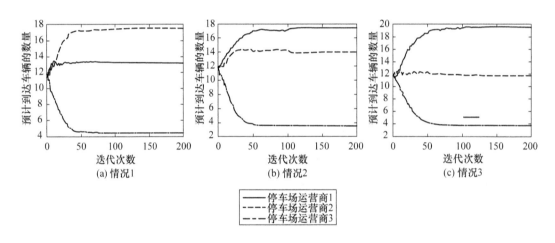

图 4.11　在不同停车容量约束下 DRL 方法的预期到达车辆数量的比较

图 4.12 显示了某停泊车辆在不同内外部参数影响下的最佳响应变化。停泊车辆需要计算出共享给对应停车场运营商的最优计算资源数量 f^*。不妨观察此停泊车辆在第 1 个停车场运营商的激励政策下策略的变化。对于停泊车辆,外部参数指给定的奖励策略 r,内部参数包括其偏好参数 p、停车时间 d 和硬件参数 κ。显然,随着 r 的增加,f^* 逐渐提高。易知 p 和 d 对 f^* 的提高都有积极的影响,而根据计算能耗模型可知,κ 作用于 f^* 有消极的影响。图 4.12 展示的结果与上述分析一致。例如,在相同条件下(即 $r=1.5$,$p=0.6$ 和 $\kappa=6\times10^{-28}$),当 d 从 50 分钟增加到 70 分钟时,车辆希望在延长的停车时间内共享更多的空闲计算资源以获得更多服务奖励,结果 f^* 增加约 40%。可见实验仿真结果与实际应用中的个体理性决策相一致。

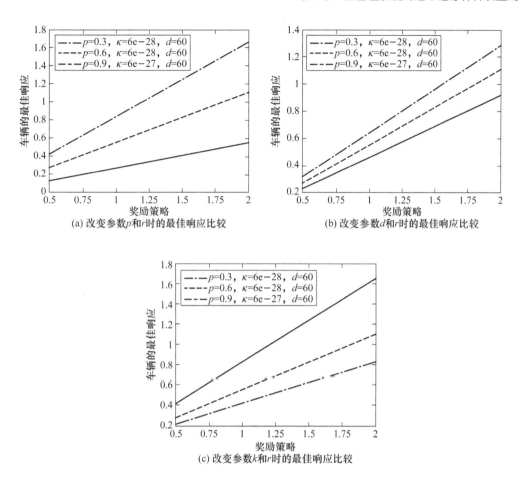

图 4.12　车辆在不同内外参数下的最佳响应比较

本 章 小 结

车联网是 6G 技术的重大业务应用场景之一。本章以车联网为研究对象,重点关注日常可见、状态空闲并且拥有丰富车载资源的停泊车辆,引入泊车边缘计算概念,介绍了相关概念、系统模型与基本的性能指标,在引入区块链与联邦学习等技术背景下,解决如何安全、高效地调度停泊车辆群体所组成的分布式资源。具体地,基于区块链设计去中心化的计算迁移服务管理模式,运用 Stackelberg 博弈论工具解决不同任务执行者资源协同时的激励分配问题。采用联邦学习算法框架,组织不同停车场运营商开发并共同训练统一的车位预测模型,在给定停车场容量约束下,利用 DRL 工具求解不同停车场运营商如何合理吸引车辆前往指定停车场并共享空闲车载资源的激励机制设计问题。本章节所提方案为实现智能交通领域的 6G 可信可靠智能技术提供研究思路。

第 3 部分
基于隐私计算的可信可靠智能

第 5 章
隐私计算技术概述

本章介绍 6G 泛在智能中主要的隐私计算技术,达到在保护数据隐私的条件下实现人工智能对数据的分析计算,包括安全多方计算、差分隐私技术、可信执行环境、联邦学习技术、协同推断技术。

5.1 安全多方计算

安全多方计算(Secure Multiple-Party Computation,MPC)是密码学的一个子领域,其目的是创建方法,让各方在其输入上联合计算函数,过程保护输入隐私不被泄露[37]。在传统的加密任务中,主要防御参与者系统之外的窃听者,并保证通信或存储的安全性和完整性,而安全多方计算可加密保护参与者之间的隐私。

安全多方计算的基础始于 20 世纪 70 年代末的心智扑克(Eental Poker),这是一种密码工作,可以模拟远距离的游戏/计算任务,而不需要可信的第三方。值得注意的是,传统密码学是关于隐藏内容的,而这种新型的计算和协议是关于在使用来自多个源的数据进行计算时隐藏有关数据的部分信息的。20 世纪 80 年代末,迈克尔·本·奥尔(Michael Ben Or)、沙菲·戈德瓦瑟(Shafi Goldwasser)和阿维·维格德森(Avi Wigderson),以及大卫·乔姆(David Chaum)、克劳德·克雷佩奥(Claude Crépeau)和伊万·达姆加德(Ivan Damgård)发表了论文,展示了"如何在安全通道设置中安全地计算任何函数"[38]。

一般而言,安全多方计算使多方中的每方都拥有自己的私人数据,且能够评估计算,而无须透露各方持有的任何私人数据(或任何其他相关的秘密信息)。安全多方计算协议必须确保的两个基本属性是:①隐私(不能从协议的执行中推断出各方持有的隐私信息);②准确性(如果组内的多个参与方在协议执行期间决定共享信息或偏离指令,安全多方计算将不允许他们强迫诚实方输出错误的结果或泄露诚实方的秘密信息)[39]。在安全多方计算中,给定数量的参与者每个都拥有一条私有数据$(d_1,d_2,\cdots,d_N)$。参与者可以一起计算该私有数据的公共函数的值$F(d_1,d_2,\cdots,d_N)$,同时对自己的数据保密。

例如,约翰、罗伯和山姆想找出他们三个人中谁的收入最高,但彼此不向对方透露自己的收入——这实际上是安全多方计算的一个经典例子,被称为百万富翁问题。假设他们的收入为d_1、d_2和d_3,他们想找出哪个人收入最高,且不彼此分享任何实际数字。从数学上讲,这转化为计算:$F(d_1,d_2,d_3)=$最大值(d_1,d_2,d_3)。如果有值得信赖的第三方(比如他们都认识的可以保守秘密的朋友),那么他们每个人都可以将自己的收入告诉那个朋友,由那个朋友找出他们中哪个人赚得最多,即$F(d_1,d_2,d_3)$,而无须他们彼此了解对方的收入。安全多方计算的目标是设计一个协议,通过该协议John、Rob和Sam可以相互交换消息和学习$F(d_1,d_2,d_3)$,而无须透露是谁制造了什么,也无须依赖外部第三者。

安全多方计算应用于许多实际应用,例如电子投票、数字拍卖和以隐私为中心的数据挖掘。在金融业、制造业、医疗业等行业中,安全多方计算被广泛用于隐私数据保密的数据安全查询,以及隐私保护下的跨机构合作多源数据分析[40]。但是,安全多方计算目前还无法支持复杂的计算,只能提供部分简单的隐私计算。

5.2　差分隐私技术

差分隐私(Differential Privacy,DP)是一个隐私保护系统,通过描述数据集中的群体模式,同时隐瞒有关数据集中个人的信息,公开共享有关数据集的信息。差分隐私背后的想法是,如果在数据库中进行任意单个替换的影响足够小,则查询结果不能用于推断任何单个个体的隐私信息[41]。描述差分隐私的另一种方法是对发布有关统计数据库的汇总信息的约束,这限制了数据库中私人信息的披露[42]。

粗略地说,如果观察者看到其输出时无法判断特定个人的信息是否用于计算,则该算法是差异私有的。差分隐私通常在识别其信息可能在数据库中的个人的背景下进行讨论。虽然它不直接涉及识别和重新识别攻击,但差分私有算法可能会抵抗此类攻击。以下介绍常见的几种差分隐私定义和工具。

差分隐私是数据分析和机器学习中定义隐私保护程度的一种数学范式。ε差分隐私(ε-DP)的定义如下。

定义 5.1(ε-DP)　给定两个相邻数据集D和D'有至少一条数据不同,如果算法M符合条件:

$$\Pr[f(X)\in S]\leqslant e^{\varepsilon}\Pr[f(X')\in S] \tag{5.1}$$

则该算法满足 ε-差分隐私。隐私预算 ε 控制输入 D 和 D' 的算法输出分布的接近程度,体现了隐私保护程度。ε 越小,算法输出分布越接近,攻击者越难根据算法输出得到算法输入的有效信息,隐私保护程度越高[43]。

常见的隐私保护方法是在算法输出分布加入随机噪声进行扰动,如拉普拉斯噪声[44]。如果要保证算法满足 ε 差分隐私,需要加入的噪声随机采样自均值为 0、尺度为 $\sigma \geqslant \Delta/\varepsilon$ 的拉普拉斯分布。其中,$\Delta = \max\limits_{D,D'} \|M(D) - M(D')\|_1$ 为全局敏感度,即任意相邻数据集 D 和 D' 产生的算法输出的最大差异。

(ε,δ)-差分隐私 (ε,δ)-DP 提供了一种对隐私风险的测量方法[44],具体定义如下。

定义 5.2（(ε,δ)-DP） 设随机算法 $f:X \mapsto R$,其中 X 是定义域,R 是值域。如果对于任意两个相邻数据集 $X,X' \in X$ 互相之间相差至少一个样本,与任意输出 $S \subset R$,算法 f 满足条件:

$$\Pr[f(X) \in S] \leqslant e^{\varepsilon} \Pr[f(X') \in S] + \delta \tag{5.2}$$

则算法 f 满足 (ε,δ)-DP 保护。其中,δ 是松弛项。

(ε,δ)-DP 根据以相邻数据集作为输入得到相同算法输出的概率相似度衡量隐私风险,并通过隐私预算 $\varepsilon \in (0,+\infty)$ 来控制隐私风险。隐私预算 ε 越低,得到相同算法输出的概率越接近,攻击者越难从算法输出得到输入数据的有效信息,因此隐私风险越低。当隐私预算 ε 趋近于 0,攻击者无法根据算法输出判断输入数据集是 X 还是 X'。

定义 5.3（(α,ρ)-RDP） 对于相邻数据集 $X,X' \in X$,如果随机算法 $f:X \mapsto R$ 满足条件:

$$D_\alpha(f(X) \| f(X')) \leqslant \rho \tag{5.3}$$

则算法 f 满足 (α,ρ)-Renyi 差分隐私（Renyi Differential Privacy,RDP）保护。其中,$D_\alpha(a \| b)$ 是两个概率分布 a 和 b 的 Renyi 散度（Renyi Divergence）。

(α,ρ)-RDP 提供了更为严格、更加个性化的隐私风险估计。根据参考文献[45],(α,ρ)-RDP 具有以下特性。

引理 5.1（高斯机制的 RDP） 当高斯机制 $M = f(D) + N(0,\sigma^2 I_d)$ 应用于以概率 τ 均匀抽样的数据时,若敏感度满足 (α,ρ)-RDP,且高斯机制满足:

$$\alpha - 1 \leqslant \frac{2\sigma^2}{3} \lg\left(\frac{1}{\alpha\tau(1+\sigma^2)}\right) \tag{5.4}$$

则算法 f 满足 $\left(\alpha, \dfrac{3.5\tau^2\alpha}{\sigma^2}\right)$-RDP 保护。其中,$N(0,\sigma^2 I_d)$ 是均值为 0、尺度为 σ^2 的高斯分布,d 是数据维度。

引理 5.2（RDP 到 DP 的转换） 如果随机机制 M 满足 (α,ρ)-RDP,对于所有 $\delta \in (0,1)$,该随机机制也满足 $\left(\rho + \dfrac{\lg(1/\delta)}{\alpha-1}, \delta\right)$-DP 保护。

5.3 可信执行环境

可信执行环境(Trusted Execution Environment,TEE)是主处理器的安全区域。它保证加载的代码和数据在机密性和完整性方面受到保护[46]。作为隔离执行环境的可信执行环境提供了安全功能,例如隔离执行、使用可信执行环境执行的应用程序的完整性以及资产的机密性[47]。一般而言,可信执行环境提供了一个执行空间,它为在设备上运行的受信任应用程序提供比丰富的操作系统(Operating System,OS)更高级别的安全性,并且比"安全元件"(Secure Element,SE)提供更多功能。

可信执行环境广泛用于复杂设备,如智能手机、平板计算机和机顶盒。可信执行环境还被工业自动化、汽车和医疗保健等领域的受限芯片组和物联网设备制造商使用,他们现在认识到了可信执行环境在保护连接事物方面的价值[48]。通常,尤其是在智能手机的情况下,我们的设备拥有个人和专业数据的顶点。例如,带有围绕支付交易的应用程序的移动设备将保存敏感数据。可信执行环境可以帮助任何关心保护数据的人解决重大问题。可信执行环境在防止黑客攻击、数据泄露和恶意软件使用方面发挥着越来越重要的作用。在将敏感数据保存到设备上时,可信执行环境都可以在确保安全、连接的平台方面发挥重要作用,而不会对设备的速度、计算能力或内存造成额外限制。

5.4 联邦学习技术

传统的集中式学习需要移动设备上传原始数据到云计算中心或边缘服务器进行深度模型训练,存在数据传输成本高和隐私泄露等问题。为了克服这些问题,Google 提出了联邦学习概念,每个移动设备在本地执行模型训练,并上传更新的本地模型参数到边缘服务器进行聚合,以分布式方式为边缘服务器完成所需的模型训练[49]。在此过程中,移动设备仅需要共享模型参数,而没有公开原始数据,这在一定程度上保护了用户的隐私安全。同时,模型参数尺寸小于原始数据尺寸,因此联邦学习降低了数据传输的成本[50]。

虽然在联邦学习过程中,移动设备没有对外共享原始数据,但仍然面临隐私泄露的风险。文献[51]和文献[52]设计的攻击方法,利用辅助数据训练一个分类器,根据移动设备上传的模型参数,推测其是否使用某个样本进行训练。文献[53]和文献[54]提出的攻击方法,用随机生成的数据训练新模型,并不断更新数据使训练所得到的模型参数逼近移动设备上传的模型参数,最后得到的生成数据近似移动设备的训练数据。文献[55]

通过移动设备共享的模型参数训练生成对抗网络,从而挖掘该移动设备训练数据的分布信息,并生成近似的数据。

为了降低联邦学习的隐私风险,不少研究学者探索隐私保护方法。其中,同态加密技术[56]和多方安全计算架构[57]是最常见的隐私计算机制。同态加密技术通过对移动设备共享的模型参数进行加密,并对加密后的模型直接聚合,防止真实的模型参数泄露。多方安全计算在没有可信任第三方的情况下,提供学习框架可让互不信任的参与方在保护各自隐私信息前提下共同训练,确保隐私安全和计算正确性。但是,这些机制仅能针对简单的计算任务,以及防御基于上传本地模型参数展开的隐私攻击,无法对基于边缘服务器下发全局模型参数展开的隐私攻击进行防御。差分隐私技术通过添加噪声,在保留统计学特征的前提下去除个体特征以保护个体隐私。文献[58]和文献[59]提出在本地模型参数中添加噪声,扰动攻击者对模型参数中个体信息的提取。对本地模型聚合后,叠加的噪声仍然存在,因此差分隐私方法还可以防御基于全局模型参数展开的隐私攻击。但是,添加噪声会影响模型训练收敛性,需要对其深入分析,并选择合适的隐私预算,控制隐私保护和训练收敛性之间的平衡。

为了鼓励更多的移动设备参与到联邦学习,不少研究学者探索激励机制设计。文献[60]和文献[61]分析联邦学习保证收敛所需的迭代次数,并设计相应激励机制,降低移动设备完成联邦学习任务的时延。文献[62]和文献[63]考虑移动设备执行联邦学习任务的信誉值,用契约论设计激励机制,选择可靠的移动设备完成联邦学习。文献[64]挖掘训练模型准确度和训练数据量之间的关系,设计激励机制鼓励移动设备贡献更多的训练数据。文献[65]和文献[66]分析数据数量和质量对模型准确度的影响,并设计基于合作博弈的激励机制,激励移动设备提高训练数据的数量和质量。文献[67]分析训练数据分布对训练收敛性的影响,并用竞价拍卖设计激励机制,寻找与边缘服务器数据分布更接近的移动设备参与联邦学习。现有大部分研究工作都是考虑移动设备执行联邦学习的计算和传输等开销,给予相应激励补偿,没有重视评估移动设备参与联邦学习的隐私风险。

5.5　协同推断技术

深度模型推断对于人工智能应用非常关键,准确可靠的推断结果有助于人工智能应用质量的提高。为了及时响应用户需求,人工智能应用对深度模型推断有时延要求。同时,执行深度模型推断需要耗费大量计算资源和能量。因为移动设备的计算资源和电池容量有限,所以仅靠移动设备难以在短时间内完成模型推断任务。上传原始数据到边缘服务器执行深度模型推断,可以减少移动设备的计算负荷。但是由于原始数据尺寸较大,导致传输成本高、时延长,并且共享原始数据存在隐私泄露的风险。为了提高推断效率,文献[68]和文献[69]提出协同推断方式,把深度模型切分成两个部分,前半部分由移动设备执行,后半部分由边缘服务器执行。在此过程中,移动设备仅共享前半部分模型的计算结果——特征输出。协同推断充分利用了移动设备和边缘服务器的计算资源,提高模型推断的效率。由于特征输出的尺寸往往小于原始数据,因此协同推断可以降低传输成本,且在一定程度上避免隐私泄露。

车载设备在执行模型推断时,也面临计算资源和电池能量有限的挑战。因此,文献[70]提出把协同推断应用到车联网人工智能应用,由车载设备和边缘服务器合作完成推断任务,同时根据边缘服务器提供的计算资源选择合适的模型切分点。文献[71]列举了车联网协同推断的各种应用场景,并分析它们对应的特性和挑战。

虽然在协同推断中,移动设备只共享特征输出,没有暴露原始数据,但是其仍然存在隐私泄露的风险。文献[72]提出了针对协同推断的隐私攻击方法,攻击者可以在不知道移动设备深度模型结构和参数的情况下,根据特征输出复原对应的原始图像数据。为了防止隐私泄露,现有研究对图像复原攻击设计相应的防御方法。文献[73]和文献[74]提出选择靠后的网络层作为切分点,减少特征输出携带的有效信息,降低攻击者复原图像的效果。文献[73]提出对深度模型的输入图像添加噪声,文献[75]提出在特征输出中添加噪声,干扰攻击者根据特征输出对原始数据的还原。但是,这些防御方法来源于实验经验的总结,缺乏理论分析指导。同时,由于隐私风险的存在,需要设计激励机制合理补偿移动设备的隐私损失,才能激励它们积极参与协同推断任务。

第6章

基于差分隐私的联邦学习机制

本章对 6G 泛在智能联邦学习中的隐私问题和现有隐私保护方法进行概述。为了降低联邦学习中的隐私风险同时保持模型训练的精度,我们以车联网联邦学习为案例,设计基于差分隐私的训练机制和基于多维契约论的激励机制,并进行实验验证提出机制的有效性[76]。

6.1 联邦学习的隐私问题概述

在 6G 时代,人工智能(AI)广泛应用于我们日常生活的方方面面,包括智能家居、智慧医疗、智慧电力、智能交通等[77,78]。人工智能应用程序在使用中生成大量数据,以供其持续学习。具体而言,模型所有者(如物联网服务提供商)定期从数据所有者(如物联网服务消费者)的移动设备收集数据,并在集中式服务器上通过收集的数据对模型进行训练。然而,收集的数据通常包含数据所有者的私人信息(如服务使用模式)或文件信息(如性别和年龄)。如果模型所有者不可信或集中式服务器被攻击者入侵,数据所有者的数据将被滥用或窃取,给数据所有者造成经济损失。

为了降低隐私风险,研究者们提出以联邦学习为代表的分布式学习方案[79]。在联邦学习中,数据所有者在其私有数据上训练本地模型,保留原始数据,只上传本地计算结果。模型所有者汇总所有本地计算结果,以更新全局模型。联邦学习在 6G 泛在智能领域得到极大关注[80-83]。

尽管在联邦学习中,数据所有者保留其原始数据,但他们仍面临隐私泄露的风险[84,86,87]。本节对联邦学习过程中存在的隐私攻击进行概述。

6.1.1　基于本地模型的隐私攻击

在联邦学习中,数据所有者需要上传本地的训练模型到模型所有者的服务器进行聚合。模型所有者并不总是可信的,他们可能会好奇并探索数据所有者的数据隐私。同时通信网络中存在窃听者,他们从网络通信中窃取数据所有者上传的本地模型。不可信的模型所有者和网络窃听者构成潜在攻击者,根据获得的本地模型开展隐私攻击,威胁数据所有者的隐私安全。具体的隐私攻击有图像复原攻击、特征推断攻击、成员推断攻击等。

（1）图像复原攻击[85,88-90]

如图 6.1 所示,攻击者随机生成一组"仿制"数据样本,"仿制"数据样本数量与数据所有者所用真实的训练数据样本相同。攻击者用"仿制"数据样本训练和更新本地模型,产生"仿制"模型参数。接着,攻击者以"仿制"模型参数与数据所有者上传真实模型参数的距离作为损失函数,更新"仿制"数据样本的像素。随着损失函数减小到收敛,更新后的"仿制"数据样本像素与真实数据样本接近,数据中所有者所用的训练图像数据被复原。

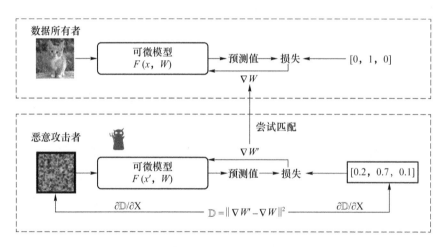

图 6.1　图像复原攻击[85]

（2）特征推断攻击[86,91,92]

攻击者选择数据样本中的重要特征,如人脸识别中的肤色、性别等。假设攻击者拥有先验数据集,该数据集的数据样本分布与数据所有者的数据样本分布相同。通过把先验数据集其切分成两个子数据集,其中一个子数据集的数据样本全都具有目标特征,另一个子数据集的数据样本全都不具有目标特征。攻击者用两个子数据集的数据样本训练本地模型,产生相应的模型参数。接着,攻击者以模型参数作为输入,以是否具有目标特征作为输出,训练二分类器。利用该二分类器,攻击者可以根据数据所有者的本地模型参数,识别训练数据样本是否具有目标特征。

（3）成员推断攻击[84,93]

攻击者目标是判断数据所有者的训练样本中是否存在目标样本。假设攻击者拥有两个先验数据集，其中一个先验数据集由目标样本组成，另一个先验数据集不包含目标样本。攻击者用两个先验数据集的数据样本训练本地模型，产生相应的模型参数。接着，攻击者以模型参数作为输入，以是否包含目标样本作为输出，训练二分类器。利用该二分类器，攻击者可以根据数据所有者的本地模型参数，识别训练数据集是否包含目标样本。

6.1.2　基于全局模型的隐私攻击

攻击者也可能是恶意的数据所有者，希望根据下载的全局模型推测其他数据所有者的隐私信息。同时，网络窃听者也可能从通信网络中窃取模型所有者下发的全局模型。这种基于全局模型开展的隐私攻击主要有特征推测攻击、数据分布推测攻击等。

（1）特征推测攻击[86]

第一种特征推测攻击与基于本地模型的类型推测攻击类似。攻击者可利用先验数据集训练二分类器，以识别模型参数对应的训练数据是否拥有目标特征，并利用二分类器推测其余数据所有者所用训练数据的特征信息。第二种特征推测攻击是通过对抗生成网络（Generative Adversarial Network，GAN）学习数据所有者的数据特征信息。在对抗生成网络中，生成器的目标是生成数据误导判别器判断为真实数据，判别器目标是区分输入的数据为真实数据或生成数据。如图 6.2 所示，攻击者以全局网络作为判别器，训练生成器网络，最后使得生成数据接近数据所有者所用训练数据，真实训练数据的特征信息遭到泄露。

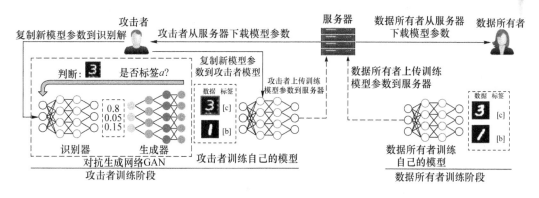

图 6.2　对抗生成网络学习训练数据特征[86]

（2）数据分布推测攻击[94,95]

深度模型网络最后一层全连接层（Full Connected Layer）包含数据分布信息。由权重参数的梯度公式推导可知，当深度模型网络判断该数据属于类型 i 时，对应的权重参数梯度为负值。该权重参数梯度的绝对值越大，表示训练数据集中该类型的样本数量越多。因此，攻击者可以根据该权重参数梯度的正负性与绝对值大小推测训练数据的类型分布。

6.2　现有隐私保护方法概述

为了防御上述的隐私攻击,现有文献提出了多种联邦学习的隐私保护方法,主要有模型加密方法、模型扰动方法、输入扰动方法。

6.2.1　模型加密方法

模型加密方法主要通过密码学方法对模型进行加密,同时不影响模型聚合的过程。典型的模型加密方法有多方安全计算(Secure Multi-Party Computation,SMC)、同态加密(Homomorphic Encryption)。

(1)多方安全计算[96]

多方安全计算的目标是使得参与者在不信任其他参与者和第三方的前提下,通过计算协议,对自己的数据计算出一个目标结果的过程。利用多方安全计算,联邦学习在假设模型参与者和数据参与者不可信的环境下,完成模型聚合。

(2)同态加密[97]

同态加密是一种基于密码学的加密方法,可以保证在密文上计算而不需要密钥,并且计算结果也是加密的,需要使用密钥才能解密成明文。通过同态加密,联邦学习可以在加密后的本地模型上做聚合计算,同时需要密钥才能得到加密后的全局模型,有效防止窃听者的窃取和攻击。

但是,模型加密方法无法避免恶意的模型所有者和数据所有者针对解密后的全局模型进行攻击。

6.2.2　模型扰动方法

模型扰动方法主要通过扰动本地模型和全局模型,进而干扰攻击者的隐私攻击效果。典型的模型扰动方法有模型压缩和噪声扰动。

(1)模型压缩[98,99]

该方法通过压缩本地模型或全局模型的数据量,扰动模型中包含的隐私信息,从而影响攻击者的隐私攻击效果。模型剪枝(Model Pruning)是常见的模型压缩方法之一,该方法选择移除模型中权重小于设定阈值的连接,减少模型的冗余信息。另一种常见的方法是模型量化(Model Quantization),该方法用更小的比特表示原先的模型权重,减小模型的占用空间。模型压缩方法除防御隐私攻击外,还能减小模型的内存占用和传输消耗。

(2)噪声扰动[100,101]

该方法通过对本地模型或全局模型注入随机生成的拉普拉斯噪声或高斯噪声,扰动模型或梯度的数值。差分隐私(Differetial Privacy,DP)是常见的噪声扰动方法,该方法根据设置的隐私预算和所计算的敏感度,选择需要注入的噪声方差值,防止攻击者根据模型或梯度信息推测相邻的输入数据集。

模型扰动不仅干扰攻击者的隐私攻击效果,而且影响训练收敛和模型可用性,因此需要精确地控制模型扰动量,以达到模型训练与隐私保护的均衡。

6.2.3　输入扰动方法

输入扰动方法对输入深度模型的数据样本进行扰动,从而干扰训练得到的模型梯度以及攻击者基于模型梯度展开的隐私攻击。典型的输入扰动方法有 Mixup[102]。Mixup 原用于增强混合数据,即对不同样本的图像数据与标签进行线性组合,合成新的数据,并用此数据训练深度模型。该方法提高了神经网络的泛化能力,并稳定了训练过程。最近的研究表明,该方法可以用于扰动输入,增加训练模型对隐私攻击的鲁棒性。如图 6.3 所示,通过从公开数据集挑选图像数据与训练数据集的样本数据进行线性组合,并随机挑选像素点进行翻转,使得攻击者即使复原图像也无法识别里面的细节。但是,这类方法缺乏理论指导,只能基于大量实验的结果来引导防御者部署实施。同时,该方法需要额外消耗大量的计算资源。

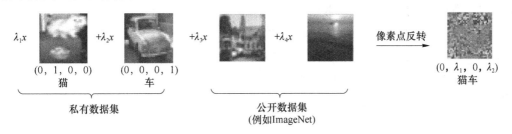

图 6.3　输入扰动防御方法[103]

6.3　训练机制和激励机制设计

考虑现有隐私保护方法存在的缺陷,以及隐私风险对设备参与联邦学习积极性的负面影响,本章以联邦学习在 6G 车联网应用为案例,介绍所设计的隐私保护训练机制与相应的激励机制。

6.3.1　基于差分隐私的训练机制

以泛在智能在 6G 车联网中的应用为例,设计基于差分隐私的车联网联邦学习训练机制。差分隐私技术通过在算法输出注入高斯噪声进行扰动,从而干扰攻击者根据算法

输出获得输入数据的有效信息。在车联网联邦学习中,算法输入是本地训练数据,算法输出是更新的本地模型参数。因此,在车载设备每次迭代更新的本地模型参数中加入随机生成的高斯噪声,使其满足 (ε,δ)-DP 保护。整个流程见算法 6.1。具体地,在每一轮 $0 \leqslant t \leqslant T-1$,每个车载设备 i 从边缘服务器收到全局模型参数并更新自己的本地模型参数 $w_{t,0}^i = w_t$(Step5)。每个车载设备根据批量大小 B 把自己的训练数据集 D_i 切分成 $|\beta_i|$ 个批量(Step6),本地训练迭代的总次数为 $|\beta_i|E = D_i E/B$。在每轮迭代 $0 \leqslant s \leqslant |\beta_i|E-1$,每个车载设备通过学习批量数据 $b_i \in \beta_i$ 更新本地模型参数 $w_{t,s}^i$(Step9),然后对本地模型参数注入高斯噪声 $N(0,\sigma_i^2 I_d)$(Step10),其中 σ_i 是高斯噪声尺度,d 是模型维度。在每轮训练的结束后,车载设备上传本地模型参数到边缘服务器(Step13),边缘服务器执行加权聚合得到新的全局模型参数(Step15)。

算法 6.1　差分隐私保护的车联网联邦学习机制

输入:车载设备 $I=\{i\}$;本地数据集 D_i;训练数据批量大小 B;本地迭代次数 E;全局通信轮数 T;学习率 η;高斯噪声尺度 σ_i

输出:训练好的全局模型参数 w_T

1　初始化全局模型参数 w_0

2　**for** 每轮 $0 \leqslant t \leqslant T-1$ **do**

3　　边缘服务器下发全局模型参数 w_t

4　　**for** 所有 I 个车载设备并行 **do**

5　　　　更新本地模型参数 $w_{t,0}^i = w_t$

6　　　　$\beta_i \leftarrow$ 以批量大小 B 切分本地数据

7　　　　**for** 每次迭代 $0 \leqslant s \leqslant |\beta_i|E-1$ **do**

8　　　　　　**for** 批量数据 $b_i \in \beta_i$ **do**

9　　　　　　　　更新本地模型参数 $w_{t,s}^i \leftarrow w_{t,s-1}^i - \dfrac{\eta}{B} \nabla l(w_{t,s}^i;b_i)$

10　　　　　　　　对本地模型注入高斯噪声 $w_{t,s}^i = w_{t,s}^i + N(0,\sigma_i^2 I_d)$

11　　　　　　**end for**

12　　　　**end for**

13　　　　发送本地模型参数 $w_{t,|\beta_i|E}^i$ 到边缘服务器

14　　**end for**

15　　边缘服务器聚合本地模型参数和更新全局模型参数 $w_{t+1} \leftarrow \displaystyle\sum_{i=1}^{I} p_i w_{t,|\beta_i|E}^i$

16　end for

17　**return** w_T

该车联网联邦学习机制的设计目标是防御攻击者从上传的本地模型参数和下载的全局模型参数提取个体样本隐私信息。下载的全局模型参数是对上传本地模型参数的聚合，只要本地模型参数满足差分隐私，全局模型参数就一定满足差分隐私。因此，重点分析该算法对本地模型的差分隐私保护。参考文献[76]，经过理论推断，得到以下定理。

定理 6.1　对于任意 $\delta \in (0,1)$ 和 $\varepsilon > 0$，若车载设备注入的高斯噪声尺度为：

$$\sigma_i = \sqrt{\frac{14\alpha\eta^2 ET}{BD_i\left(\varepsilon - \lg\dfrac{\left(\dfrac{1}{\delta}\right)}{(\alpha-1)}\right)}} \tag{6.1}$$

则算法 6.1 满足 (ε,δ)-DP 保护。其中，$\alpha - 1 \leqslant \dfrac{2\sigma^2}{3}\lg\dfrac{1}{\alpha\tau(1+\sigma^2)}$，$\alpha = \dfrac{2\lg(1/\delta)}{\varepsilon} + 1$，$\tau = \dfrac{B}{D_i}$。

定理 6.1 表明，当算法 6.1 满足 (ε,δ)-DP 保护，注入的高斯噪声尺度与本地数据集样本量有关。当数据量增加时，用相邻数据集训练本地模型的敏感度会降低，攻击者的攻击难度提升，在相同的隐私预算下，所注入的噪声尺度相应减小。

本节分析训练算法的收敛性。本书考虑训练的目标函数为非凸，这在神经网络模型的训练中非常常见。参照文献[104]～文献[106]，做出以下假设。

假设 6.1（平滑性）　$f_1, \cdots, f_I$ 都是 L-平滑，即对于所有 w 和 w'，有：

$$f(w') \leqslant f(w) + (w-w')^T \nabla f(w) + \frac{L}{2}\|w-w'\| \tag{6.2}$$

假设 6.2（无偏梯度）　设 $b_{t,s}^i$ 为以批量大小 B 从数据集 D_i 中随机均匀地采样的批量数据，则每个车载设备的随机梯度方差是有界的，即：

$$E\|f_i(w_{t,s}^i; b_{t,s}^i) - f_i(w_{t,s}^i)\| \leqslant \frac{Q^2}{B} \tag{6.3}$$

假设 6.3（有界梯度）　随机梯度的平方范数一致有界，即：

$$E\|f_i(w_{t,s}^i; b_{t,s}^i)\| \leqslant G^2 \tag{6.4}$$

对于第 t 轮的第 s 次迭代，用辅助参数向量 $\bar{w}_{t,s}$ 表示中心梯度下降的中心模型参数，即所有车载设备的带噪声的本地模型参数的加权聚合：

$$\bar{w}_{t,s} = \sum_{i=1}^{I} p_i(w_{t,s}^i + n_{t,s}^i) \tag{6.5}$$

其中，权重为 $p_i = \dfrac{D_i}{D}$，高斯噪声为 $n_{t,s}^i \sim N(0, \sigma_i^2 I_d)$。该参数可以间接表示为：

$$\bar{w}_{t,s} = \bar{w}_{t,s-1} - \eta\sum_{i=1}^{I} p_i g_{t,s}^i + \sum_{i=1}^{I} p_i n_{t,s}^i = \bar{w}_{t,s-1} - \eta\sum_{i=1}^{I} p_i\left(g_{t,s}^i - \frac{n_{t,s}^i}{\eta}\right) \tag{6.6}$$

在算法 6.1 中，每个车载设备在每轮的开始都是从相同的初始点 $\bar{w}_t = \bar{w} = w_t^i$ 开始随机梯度下降（Stochastic Gradient Descent，SGD）。在每次迭代中，本地模型参数 $w_{t,s}^i$ 和中心模型参数 $\bar{w}_{t,s}$ 的差距与本地迭代标识 s 有关。以下引理给出在第 t 轮经过 s 次迭代后期望差距 $E[\|\bar{w}_{t,s} - w_{t,s}^i\|^2]$ 的上界。

引理 6.1(期望差距上界) 对于第 t 轮的第 s 次迭代,算法 6.1 保证:

$$E\left[\|\bar{w}_{t,s} - w_{t,s}^i\|^2\right] \leqslant H \tag{6.7}$$

其中,$H = s\eta^2 G^2 \sum_{i=1}^{I} p_i^2 + sd \sum_{i=1}^{I} p_i^2 \sigma_i^2 + s\eta^2 G^2 + sd\sigma_i^2$。

引理 6.1 表明本地模型参数和中心模型参数的期望差距上界与本地迭代标识 s 以及期望噪声尺度 $d\sigma_i^2$ 有关。

定义 6.1(收敛准则) 因为目标函数是非凸,根据文献[104]、文献[105]和文献[106],用期望梯度范数作为收敛指标。经过 $T-1$ 轮和第 T 轮的 S 次本地迭代后,若满足条件:

$$\frac{1}{K} \sum_{t=1}^{T} \sum_{s=1}^{S} E\left[\|\nabla f(\bar{w}_{t,s-1})\|^2\right] \leqslant v \tag{6.8}$$

则算法达到期望次优解。其中,v 任意小,$K = (T-1)|\beta|E+S$。该条件保证算法可以收敛到一个稳定点。

定理 6.2(算法收敛) 如果经过 $T-1$ 轮和第 T 轮的 S 次本地迭代后,有:

$$\frac{1}{K} \sum_{t=1}^{T} \sum_{s=1}^{S} E\left[\|\nabla f(\bar{w}_{t,s-1})\|^2\right] \leqslant$$

$$\frac{2}{\eta K}(f(\bar{w}_{0,0}) - f^*) + L^2 \sum_{i=1}^{I} p_i^2 H + \frac{L\eta Q^2}{B} \sum_{i=1}^{I} p_i^2 + L\eta d \sum_{i=1}^{I} p_i^2 \sigma_i^2 \tag{6.9}$$

其中,f^* 是 $f(w)$ 的最小值,$K = (T-1)|\beta|E+S$。

定理 6.2 表明算法 6.1 满足收敛准则,且噪声尺度会影响训练的收敛速度。

6.3.2 基于多维契约论的激励机制

本节对车载设备参与车联网联邦学习的贡献度和成本进行建模,并基于模型分别建立车载设备和服务提供商的效用函数,最后构建激励设计问题。

(1) 贡献度

考虑使用差分隐私保护车联网联邦学习算法 6.1 执行训练,根据实验结果,无论是在 IID 设置下还是在 Non-IID 设置下,当隐私预算 ε 不变,训练模型准确度 A 和添加的噪声尺度 σ_i 成反比。因此,定义车载设备执行车联网联邦学习的贡献度为期望模型准确度。根据实验结果拟合曲线,得到贡献度函数:

$$A = -a\sigma_i^2 + b = -a\frac{14\alpha\eta^2 ET}{BD_i\left(\varepsilon - \frac{\lg\left(\frac{1}{\delta}\right)}{(\alpha-1)}\right)} + b \tag{6.10}$$

其中,a 和 b 是拟合参数,$\alpha = (2\lg(1/\delta))/\varepsilon + 1$,$T$ 是通信轮数,E 是本地迭代次数,D_i 是训练数据量,B 是批量大小。显然,训练数据量影响车载设备的贡献度。

（2）隐私风险

在每一次迭代中，车载设备 $i \in I$ 根据服务提供商设置的隐私预算 ε 对更新的本地模型参数注入尺度为 σ_i 的高斯噪声。隐私预算 ε 决定了车载设备的隐私保护等级。隐私预算 ε 越高，车载设备的隐私保护等级越低，隐私泄露的风险越高。当隐私预算 $\varepsilon \rightarrow 0$ 时，车载设备的隐私保护等级最高，攻击者无法根据本地模型参数推测训练数据的有用信息。因此，用 $\varepsilon / \varepsilon_M$ 代表车载设备的隐私风险。设单位数据价值估计为 v_i，则车载设备 i 的数据价值为 $v_i D_i$。每个车载设备对自己数据价值估计不同。定义隐私成本为如果发生隐私泄露造成的价值损失，即：

$$l_i = \frac{\varepsilon}{\varepsilon_M} v_i D_i \tag{6.11}$$

（3）计算能耗

车载设备训练每一轮从边缘服务器下载全局模型参数，用本地数据执行模型参数的更新计算。当车载设备 i 选择数据量为 D_i，则计算负荷为 $W_i = N_F D_i E$。其中 N_F 为处理每个样本的浮点数，E 为算法 6.1 设置的本地迭代次数。设车载设备 i 的 CPU 时钟频率为 f_i^c，单位时钟处理浮点数为 n_i，则该车载设备的计算能力为 $f_i = f_i^c n_i$。车载设备 i 在每轮执行本地训练的耗时为：

$$t_i^{cp} = \frac{W_i}{f_i} = \frac{N_F E}{f_i^c n_i} D_i \tag{6.12}$$

根据文献 [107]，CPU 的功耗为 $P_i^{cp} = \psi_i (f_i^c)^3$，其中 ψ_i 是 CMOS 电路的参数，取决于芯片架构，单位为 $\text{Watt}/(\text{Cycle/s})^3$。则车载设备在每轮执行本地训练的能耗为：

$$e_i^{cp} = P_i^{cp} t_i^{cp} = \frac{N_F E \psi_i (f_i^c)^2}{n_i} D_i \tag{6.13}$$

（4）通信能耗

在每一轮训练结束时，车载设备通过 FDMA 无线通信上传本地模型参数。设车载设备每一轮用固定的带宽 b_i 传输本地模型参数。本地模型参数的大小为 s，传输耗时建模为 $t_i^{cm} \propto (s/b)_i$。每一轮边缘服务器对接收上传本地模型参数的容忍时延为 T_M。为了节省带宽，设每个车载设备会用完所有剩余时间执行模型参数传输，即 $t_i^{cm} = T_M - t_i^{cp}$。设所有车载设备用统一传输功率 P^{cm}，车载设备在每轮执行模型参数传输的能耗为：

$$e_i^{cm} = P^{cm}(T_M - t_i^{cp}) = P^{cm}\left(T_M - \frac{N_F E}{f_i^c n_i} D_i\right) \tag{6.14}$$

（5）车载设备效用

车载设备 i 的期望效用是所获奖励 R_i 和总成本之间的差值。任务成本包括隐私成本（如果造成隐私泄露的经济损失）、计算成本（完成 T 轮训练的计算能耗开支）、通信成本（完成 T 轮训练的通信能耗开支）。因此，当选择训练数据量 D_i 时，车载设备的效用函数为：

$$u_i^d(D_i,R_i)=R_i-cT(\mathrm{e}_i^{cp}+\mathrm{e}_i^{cm})-l_i$$

$$=R_i-cT\frac{N_FE\,\psi_i(f_i^c)^2}{n_i}D_i-\left(cTP^{cm}T_M-cT\frac{P^{cm}N_FE}{f_i^cn_i}D_i\right)-\frac{\varepsilon}{\varepsilon_M}v_iD_i$$

$$=R_i-\theta_iD_i-(\zeta-\tau_iD_i)-\rho_iD_i \tag{6.15}$$

其中:c 是单位能耗成本;T 是通信轮数;θ_i 为计算成本类型,$\theta_i=cT\dfrac{N_FE\psi_i(f_i^c)^2}{n_i}$;$\rho_i$ 为隐私成本类型,$\rho_i=\dfrac{\varepsilon}{\varepsilon_M}v_i$;$\tau_i=cT\dfrac{P^{cm}N_FE}{f_i^cn_i}$,$\zeta=cTP^{cm}T_M$,$\zeta-\tau_i$ 为通信成本类型。因为 ζ 是常数,所以用 $\tau_i\tau_i$ 指代通信成本类型。根据式(6.15),车载设备可以分为不同类型来表示其异构性。特别地,根据计算成本,车载设备可以分为类型集合 $\Theta=\{\theta_i:1\leqslant x\leqslant X\}$;根据通信成本,车载设备可以分为类型集合 $\Gamma=\{\tau_i:1\leqslant y\leqslant Y\}$;根据隐私成本,车载设备可以分为类型集合 $P=\{\rho_i:1\leqslant z\leqslant Z\}$。所以,车载设备总共可以分为 XYZ 种类型,类型分布服从联合分布 $Q_{x,y,z}$。对于每种类型,车载边缘服务器按非递减顺序排列为 $0\leqslant\theta_1\leqslant\theta_2\leqslant\cdots\leqslant\theta_X,0\leqslant\tau_1\leqslant\tau_2\leqslant\cdots\leqslant\tau_X,0\leqslant\rho_1\leqslant\rho_2\leqslant\cdots\leqslant\rho_X$。为了简化描述,定义属于第 x 类计算成本,第 y 类通信成本,第 z 类隐私成本的车载设备为类型(x,y,z)。因此,类型(x,y,z) 的车载设备效用可以描述为:

$$u_{x,y,z}^d(D,R)=R-C_{x,y,z}(D)=R-\theta_xD+\tau_yD-\rho_zD-\zeta \tag{6.16}$$

其中,$C_{x,y,z}(D)$ 为类型(x,y,z)车载设备的总成本。

(6) 服务提供商效用

由式(6.10)可知,给定隐私预算,训练模型的准确度是关于噪声尺度的凹函数。根据车联网联邦学习加权聚合的特性,设模型训练的准确度增益为所有车载设备贡献度的加权平均。服务提供商可以将模型准确度增益转化为经济收益。例如,深度模型准确度的提升可以提高人工智能服务的质量,因而服务提供商可以收取更多报酬。考虑对于每个类型的车载设备提供的合约项为 $w_{x,y,z}=\{D_{x,y,z},R_{x,y,z}\}$,设 γ 为转化模型准确度为经济效益的转化因子,$Q_{x,y,z}$ 为不同类型车载设备的联合分布,则服务提供商的效益函数为转化的经济收益与奖励总额的差值,即:

$$u^m=\gamma h(D_{x,y,z})-\sum_{x=1}^X\sum_{y=1}^\gamma\sum_{z=1}^Z IQ_{x,y,z}R_{x,y,z}$$

$$=\sum_{x=1}^X\sum_{y=1}^\gamma\sum_{z=1}^Z IQ_{x,y,z}\left(\frac{\gamma}{I}\left(-\frac{ak}{D_{x,y,z}}+b\right)-R_{x,y,z}\right) \tag{6.17}$$

(7) 多维合约设计问题

因为车载设备的成本包含计算、通信、隐私三种类型的成本,构成三维异构性。且在信息不对称的情况下,服务提供商不知道每个车载设备的确切成本类型,只知道车载设备对于不同类型的联合分布 $Q_{x,y,z}$。本书的目标是在三维成本的信息不对称情况下设计激励机制,对不同成本类型的车载设备要求对应的训练数据量和给予对应的奖励,以最大化服务提供商的效用。因此,基于多维契约论,把激励机制设计问题建立为多维合约设计问题[108]，即根据车载设备的三维成本设计三维合约 $w(\Theta,\Gamma,P)=\{w_{x,y,z},1\leqslant x\leqslant X,$ $1\leqslant y\leqslant Y,1\leqslant z\leqslant Z\}$。其中，$w_{x,y,z}=(D_{x,y,z},R_{x,y,z})$ 为对类型 (x,y,z) 车载设备设计的合约项。选择该合约项的车载设备会按合约项中要求的数据量执行训练，并获得合约项中提供的奖励。但是，自私的车载设备可能会选择其他类型的合约项以提高自己的效用。为了保证每个车载设备只能选择对应自己类型的合约项，设计的合约必须同时满足个体理性（Individual Rationality，IR）约束和激励相容（Incentive Compatibility IC）约束。具体定义如下。

定义 6.2（个体理性 IR）　类型 (x,y,z) 车载设备只有选择自己类型的合约项 $w_{x,y,z}$，才能保证其效用的非负性，即：

$$u_{x,y,z}^d(w_{x,y,z})\geqslant 0,\quad 1\leqslant x\leqslant X,1\leqslant y\leqslant Y,1\leqslant z\leqslant Z \tag{6.18}$$

定义 6.3（激励相容 IC）　类型 (x,y,z) 车载设备选择自己类型的合约项 $w_{x,y,z}$ 比选择其他类型合约 $w_{x',y',z'}$ 获得更高效用，即：

$$u_{x,y,z}^d(w_{x,y,z})\geqslant u_{x,y,z}^d(w_{x',y',z'}),\quad 1\leqslant x\leqslant X,1\leqslant y\leqslant Y,1\leqslant z\leqslant Z \tag{6.19}$$

于是，多维合约设计问题描述为：

$$\max_w u^m$$
$$\text{s.t.}\quad (6.18),(6.19) \tag{6.20}$$

（8）转化一维合约问题

多维合约设计问题包含 XYZ 个 IR 约束和 $XYZ(XYZ-1)$ 个 IC 约束，且所有约束都是非凸，这使得该问题难以直接求解。首先将该多维合约设计问题转化为一维合约设计问题。根据式(6.16)，类型 (x,y,z) 车载设备的总成本为 $C_{x,y,z}(D)=\theta_x D-\tau_y D+\rho_z D+\zeta$。则类型 (x,y,z) 车载设备关于数据 D 的边际成本为：

$$\alpha(\theta_x,\tau_y,\rho_z)=\frac{\partial C_{x,y,z}(D)}{\partial D}=\theta_x-\tau_y+\rho_z \tag{6.21}$$

显然，$\alpha(\theta_x,\tau_y,\rho_z)>0$ 可以表示类型 (x,y,z) 车载设备的意愿度。这是因为边际成本越高，车载设备愿意贡献更多的数据用于模型训练。

可行合约必要条件如下。

引理 6.2　对于任意可行合约 $w(\Theta,\Gamma,P)$，当且仅当 $R_j<R_{j'}$ 成立，$D_j<D_{j'}$。

证明过程请查看文献[108]。引理 6.2 表明：如果车载设备选择用更多数据执行模型训练，那么可行合约需要给予更多奖励；反之亦然。

引理 6.3（单调性）　对于任意可行合约 $w(\Theta,\Gamma,P)$，如果 $\alpha(\phi_j,D_j)>\alpha(\phi_{j'},D_j)$，那么 $D_j\leqslant D_{j'}$。

证明过程请查看参考文献[108]。引理 6.3 表明更高类型的车载设备倾向选择更少训练数据。根据引理 6.2 和引理 6.3，得到可行合约的必要条件如下。

定理 6.3（必要条件）　一个可行合约必须满足：

$$\begin{cases} D_1\geqslant D_2\geqslant\cdots\geqslant D_j\geqslant\cdots\geqslant D_{XYZ}\\ R_1\geqslant R_2\geqslant\cdots\geqslant R_j\geqslant\cdots\geqslant R_{XYZ} \end{cases} \tag{6.22}$$

可行合约充分条件如下。

根据合约项 (D,R) 的类型 ϕ_j 相互独立，即 $\phi_j(D,R)=\phi_j(D',R'),D\neq D',R\neq R'$，则数据量和奖励改变，车载设备的类型不会改变。根据式(6.14)，推导得到边际成本最小的车载设备类型为 $w_1=\{\theta_1,\tau_\gamma,\rho_1\}$，成本最大的车载设备类型为 $w_1=\{\theta_X,\tau_1,\rho_Z\}$。

引理 6.4（减少 IR 约束）　如果满足获得效用最高的车载设备类型 w_{XYZ} 的 IR 条件，肯定满足其他车载设备类型的 IR 条件。

引理 6.4 可以减少 XYZ 个 IR 约束到只剩一个 IR 约束，即 $u_{XYZ}^d(w_{XYZ})\geqslant 0$。

定义 6.4（成对激励相容(Pairwise Incnetive Compatibiltiy,PIC)）　当且仅当

$$\begin{cases} u_j(w_j)\geqslant u_j(w_{j'}) \\ u_{j'}(w_{j'})\geqslant u_{j'}(w_j) \end{cases} \tag{6.23}$$

成立，合约项 w_j 和 $w_{j'}$ 是成对激励相容，表示为 $w_j\overset{\text{PIC}}{\Longleftrightarrow}w_{j'}$。

PIC 包括所有成对车载设备的 IC 条件。换句话说，$XYZ(XYZ-1)$ 个 IC 条件等同于所有车载设备对的 $XYZ(XYZ-1)/2$ 个 PIC 条件。

引理 6.5（减少 IC 条件）　对于可行合约，如果 $w_{j-1}\overset{\text{PIC}}{\Longleftrightarrow}w_j$ 且 $w_j\overset{\text{PIC}}{\Longleftrightarrow}w_{j+1}$，那么 $w_{j-1}\overset{\text{PIC}}{\Longleftrightarrow}w_{j+1}$。

证明过程请查看文献[108]。引理 6.5 使合约问题更容易处理，因为 $XYZ(XYZ-1)/2$ 个 PIC 条件可以减少为相邻车载设备类型的 $XYZ-1$ 个 PIC 条件。经过减少 IR 和 IC 约束，得到一组可行合约的充分条件如下。

定理 6.4（充分条件）　一组可行合约必须满足条件：

$$\begin{cases} R_{XYZ}-C(\phi_{XYZ},D_{XYZ})\geqslant 0 \\ R_{j+1}-C(\phi_{j+1},D_{j+1})+C(\phi_{j+1},D_j)\geqslant R_j\geqslant R_{j+1}-C(\phi_j,D_{j+1})+C(\phi_j,D_j) \end{cases} \tag{6.24}$$

根据可行合约的条件，给定一组可行的数据量，求得最优奖励如下。

定理 6.5（最优奖励）　对于一组满足单调性的可行数据量 D，最优奖励为：

$$R_j^*=\begin{cases} C(\phi_{XYZ},D_{XYZ}), & j=XYZ \\ R_{j+1}^*-C(\phi_j,D_{j+1})+C(\phi_j,D_j), & \text{其他} \end{cases} \tag{6.25}$$

最优奖励可表示为 $R_j^*=R_{XYZ}^*+\sum\limits_{m=j}^{XYZ}\Delta_m$，其中 $\Delta_{XYZ}=0,\Delta_m=C(\phi_m,D_m)-C(\phi_m,D_{m+1}),m=1,2,\cdots,XYZ-1$。为了分析车载设备的最优数据量 D^*，把最优奖励 R^* 代入服务提供商效用函数，则问题(6.20)转化为：

$$\max_w \sum_{j=1}^{XYZ}G_j(D_j)$$
$$\text{s.t.}\quad D_1\geqslant D_2\geqslant\cdots\geqslant D_j\geqslant\cdots\geqslant D_{XYZ} \tag{6.26}$$

其中，$G_j=I(Q(\phi_j)\gamma h(D_j)+C(\phi_{j-1},D_j)\sum\limits_{m=1}^{j-1}Q(\phi_m)-C(\phi_j,D_j)\sum\limits_{m=1}^{j}Q(\phi_m))$。因为目标函

数 $G_j(D_j)$ 和 $G_{j'}(D_{j'})$ 相互独立，$G_j(D_j)$ 仅与 D_j 相关，因此只需要优化 $G_j(D_j)$ 就能得到 D_j，即 $D_j^* = \arg\max_{D_j} G_j(D_j)$。显然，$G_j(D_j)$ 由一个凹函数和一个线性函数构成，因此它也是一个凹函数。根据 Fermat 定理[109]，通过求解 $\partial G_j / \partial D_j = 0$ 可以得到 D_j^*。如果解 (D^*, R^*) 满足单调性，则该解为最优合约。否则，通过迭代调整算法[108]调整该解使其满足单调性约束。

6.4 实验评估

6.4.1 训练机制效果评估

本书基于公开数字书写体数据集 MNIST 进行实验。使用由 2 层卷积层和 2 层全连接层构成的 LeNet 模型。每个卷积层有 32 个通道，卷积核大小为 3。考虑独立同分布（Independently Identically Distribution，IID）和非独立同分布（Non-IID）两种设置。对于 IID 设置，把数据集随机均匀地切分给 100 个车载设备。对于 Non-IID 设置，根据参考文献[79]，每个车载设备随机分配仅有两种标签的数据。并设置批量大小 $B=10$，本地迭代次数 $E=5$，IID 设置下全局通讯轮数 $T=30$，Non-IID 设置下全局通信轮数 $T=50$。采用 SGD 做优化器并设置学习率 $\eta=0.01$。

图 6.4 和图 6.5 显示了不同隐私预算 ε 和不同高斯噪声尺度 σ 对模型准确度的影响。当隐私预算 ε 固定时，增大高斯噪声尺度会降低模型准确度。这是因为对本地模型参数注入更大尺度的噪声，会扰动聚合的全局模型，影响全局模型的准确度。接着，进一步拟合关于噪声尺度的模型准确度曲线。当保持高斯噪声的尺度不变，降低隐私预算会提高模型准确度。此现象是因为在高斯噪声尺度保持不变的情况下，车载设备会选择更多数据执行训练，以达到更低的隐私预算。当隐私预算固定时，在 IID 设置下得到的模型准确度会比 Non-IID 设置得到的更高。此现象是因为在 Non-IID 设置下，每个车载设备的数据分布有差异，因此训练得到的本地模型参数差异较大，在此基础上聚合的全局模型参数存在偏差，增加了车联网联邦学习的难度。

图 6.6 和图 6.7 显示了不同隐私预算 ε 和不同训练数据量 D_j 对模型准确度的影响。当隐私预算不变时，模型准确度随着训练数据量的增加而提高。这是因为使用更多的数据训练模型可以提升模型准确度。当用相同的数据量训练模型时，选择更高的隐私预算可提高推测准确度。此现象是因为用相同大小的数据执行训练时，需要注入更大的噪声以达到更低的隐私预算。在 IID 设置下的模型准确度高于 Non-IID 设置。此现象是因为在 Non-IID 设置下训练要比在 IID 设置下训练更困难。

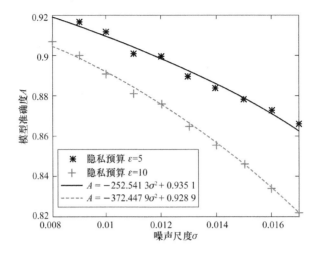

图 6.4　在 IID 设置下比较不同 ε 和 σ 条件下的模型准确度

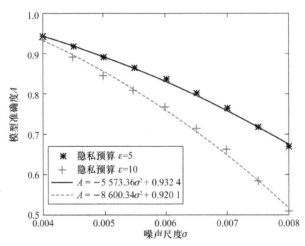

图 6.5　在 Non-IID 设置下比较不同 ε 和 σ 条件下的模型准确度

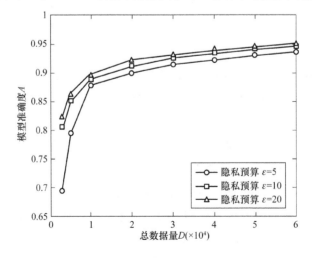

图 6.6　在 IID 设置下比较不同 ε 和 D_i 条件下的模型准确度

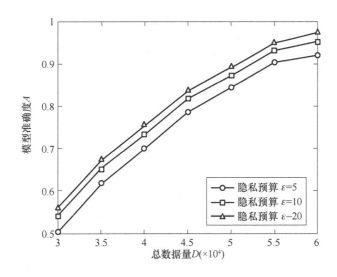

图 6.7　在 Non-IID 设置下比较不同 ε 和 D_i 条件下的模型准确度

设置总数据量大小 $D = 60\,000$，通信轮数为 $T = 50$。图 6.8 和图 6.9 表示模型准确度随着迭代的变化，图 6.10 和图 6.11 表明训练损失值随着迭代的变化。以传统的联邦学习算法 FedAvg[79] 作为基准比较，即不注入任何噪声。随着隐私预算降低，训练损失值收敛到一个更高的上界，同时模型准确度下降，这表明训练收敛速度下降。此现象是因为当数据量不变，选择更低的隐私预算会对模型参数注入更大尺度的噪声，从而导致车联网联邦学习收敛速度变慢。这与定理 6.2 结论相符。相比 IID 设置，在 Non-IID 设置下的训练损失上界升高，同时模型准确度降低，即训练收敛速度下降。此现象是因为在 Non-IID 设置下，每个车载设备的数据分布不同，训练得到的本地模型参数差异较大，需要更多轮数的聚合来降低差异误差。因此，Non-IID 设置比 IID 设置的车联网联邦学习收敛速度更慢。

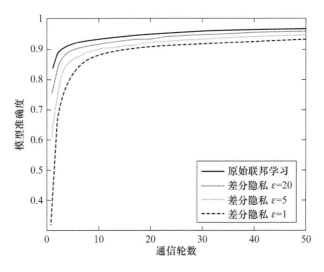

图 6.8　在 IID 设置下随迭代变化的模型准确度

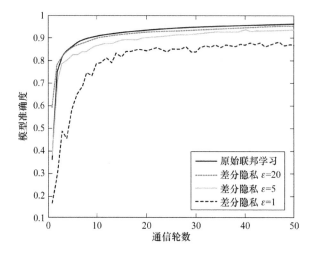

图 6.9　在 Non-IID 设置下随迭代变化的模型准确度

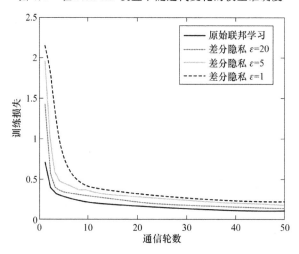

图 6.10　在 IID 设置下随迭代变化的训练损失值

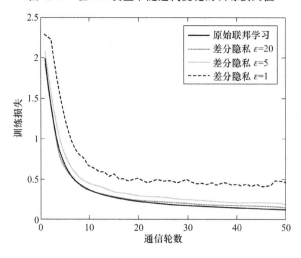

图 6.11　在 Non-IID 设置下随迭代变化的训练损失值

6.4.2　激励机制效果评估

基于对差分隐私保护车联网联邦学习算法的实验,本节仿真激励 100 个车载设备用 LeNet 模型在 IID 设置下对 MNIST 公开数据集进行车联网联邦学习。根据上章的实验,所用 LeNet 模型的计算负荷为 $N_F = 10$ MFLOPs。CPU 时钟频率 f_i^c 均匀采样自 $\{1\,100, 1\,150, 1\,200, 1\,250\}$ MHz。CMOS 电路系数 ψ_i 均匀采样自 $\{1, 1.5, 2, 2.5\} \times 10^{-28}$。单位数据的经济损失 v_i 均匀采样自 $\{0.01, 0.012, 0.014, 0.016\}$。设置效益转化参数 $\gamma = 500$,单位能源成本 $c = 0.5$。其他参数设置见表 6.1。

表 6.1　仿真参数设置

参　数	设　置
车联网联邦学习参数:B, E, T, η	10,5,30,0.01
差分隐私参数:$\delta, \varepsilon_M, a, b$	10.5,50,252.541 3,0.935 1
计算参数:n_i	8 MFLOPs/cycle
通信参数:P^{cm}, T_M	0.2 Watt,6 s

本节对比本书所提出的信息不对称下的契约论激励机制(Contract under Asymmetric Information,CA)与信息全对称下的契约论激励机制(Contract under Complete Information,CC)、最大化系统社会效用的契约论激励机制(Contract for Social Maximization,CS)、基于斯坦伯格博弈的激励机制(Stackelberg Game,SG)。CC 激励机制假设服务提供商知道所有车载设备确切的成本类型。CS 考虑信息不对称场景,但是它的目标是最大化系统的社会效用,即所有参与者的效用总和。CS 设计服务提供商给予所有车载设备激励,每个车载设备根据自己贡献的训练数据量比重分配这笔奖励。

考虑车载设备共 8($2 \times 2 \times 2$)种类型,且每种类型相互独立和均匀分布。图 6.12、图 6.13、图 6.14 分别表示使用不同激励机制的服务提供商效用、车载设备总效用、系统社会效用。当使用 CC 激励机制,服务提供商获得最高效用,但是车载设备的效用为 0。此现象是因为服务提供商知道所有类型车载设备的确切成本,所以使得设计奖励金额刚好等于它们的成本,从而最大化自己的效用。当使用 CS 激励机制,服务提供商和车载设备均获得可观的效用。此现象是因为 CS 激励机制旨在最大化系统社会效用,从而平衡双方效用。CS 激励机制和 CC 激励机制都可以获得最高的系统社会效用,但 CS 激励机制是作用在信息不对称情况下。当使用 SG 激励机制,服务提供商获得最低效用而车载设备获得最高效用。此现象是因为 SG 激励机制考虑了车载设备效用的优化,因而降低了服务提供商的效用。由实验结果可知,相比其他三种激励机制,本书提出的 CA 激励机制使得服务提供商在信息不对称情况下获得最高经济效用。

　　图 6.12、图 6.13、图 6.14 还表明选择不同隐私预算对服务提供商效用、车载设备总效用、系统社会效用的影响。当选择更高的隐私预算时,服务提供商效用和系统社会效用提升,但车载设备效用降低。此现象是因为设置更高的隐私预算时,车载设备会选择更多的训练数据提高模型准确度,因此服务提供商的效用提高。但是更高的隐私预算带来更高的隐私风险,导致车载设备的效用降低。

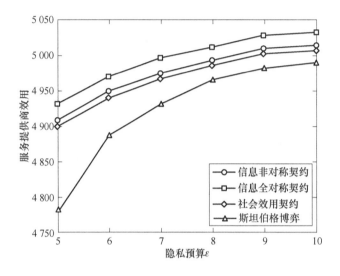

图 6.12　使用不同激励机制和不同隐私预算对服务提供商效用的影响

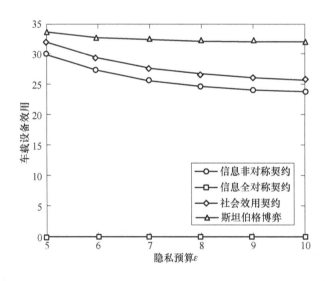

图 6.13　使用不同激励机制和不同隐私预算对车载设备总效用的影响

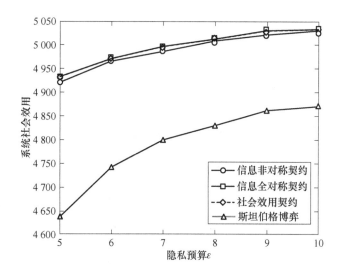

图 6.14　使用不同激励机制和不同隐私预算对系统社会效用的影响

本 章 小 结

　　本章针对 6G 泛在智能联邦学习中可能存在的隐私安全问题,设计基于差分隐私的训练机制。该算法通过在数据所有者每次更新的本地模型参数中,注入尺度可控的随机高斯噪声,干扰基于共享模型参数发动的潜在隐私攻击。同时,研究车联网联邦学习的激励机制设计问题。首先,建模车载设备执行联邦学习的贡献度和隐私、计算、通信等多维成本。基于贡献度和多维成本模型,分别构建服务提供商和车载设备的效用函数,并把车载设备按多维成本分成不同类型。考虑多维信息不对称情况,即服务提供商不知道车载设备确切的类型信息,用多维契约论设计激励机制,并化简问题及求解最优合约。理论分析证明该算法有效满足差分隐私保护和保证模型训练收敛,基于公开数据集的实验结果验证了理论分析的结论。仿真结果表明,所提出的激励机制优于现有激励机制。其提供的最优合约,即最优训练数据量和对应奖励,可以在信息不对称情况下,最大化服务提供商获得的经济效用。

第7章

基于差分隐私的协同推断机制

本章以车联网应用为案例,对 6G 泛在智能协同推断技术中存在的隐私问题和现有隐私保护方法进行概述。为了降低协同推断中的隐私风险同时保持模型推断的精度,我们设计基于差分隐私的推断机制和基于主从博弈的激励机制,并进行实验验证提出机制的有效性[76,110]。

7.1 协同推断的隐私问题概述

7.1.1 协同推断原理

协同推断是"端边云协同"网络架构下由多节点联合完成人工智能推断任务的一种新的智能范式,以"端边协同推断"为其典型场景。下面以车联网中车路协同智能为例,介绍协同推断的技术原理。

图 7.1 表示车联网协同推断执行路标识别任务的过程与潜在的图像复原攻击。车联网协同推断框架包含车载设备、路侧边缘服务器以及深度模型。深度卷积网络切分前半部分 f_{θ_1} 和后半部分 f_{θ_2},分别由车载设备和边缘服务器处理,协同完成模型推断。车载设备输入路标图像 X_0,输出和上传数据特征 $f_{\theta_1}(x_0)$。边缘服务器输入 $f_{\theta_1}(x_0)$,输出最终识别结果 $f_{\theta_2}(f_{\theta_1}(x_0))$。

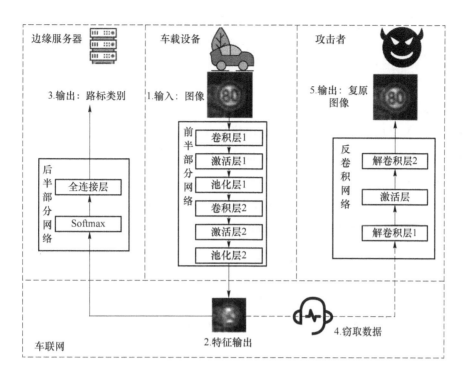

图 7.1　车联网协同推断架构及图像复原攻击过程

7.1.2　图像复原攻击

攻击者是 6G 车联网中的潜在窃听者,窃取车载设备通信上传的特征输出,通过图像复原攻击,泄露用户的隐私。假设黑盒条件,即攻击者不清楚 f_{θ_1} 的结构和参数,但可以输入图像 $X=\{x_1,x_2,\cdots\}$ 查询计算结果 $V=f_{\theta_1}(X)$。在该条件下,攻击者采用反卷积网络算法进行图像复原攻击,如算法 7.1 所示,训练反卷积网络学习特征输出和原始图像之间的关系。

算法包含 3 个阶段。在查询阶段,攻击者输入图像集合 $X=\{x_1,x_2,\cdots,x_n\}$ 到 f_{θ_1},获取特征输出集合 $V=\{f_{\theta_1}(x_1),f_{\theta_1}(x_2),\cdots,f_{\theta_1}(x_n)\}$。在训练阶段,攻击者以 V 为输入,X 为目标,训练反卷积网络 g_ω。损失函数为图像像素空间的 l_2 范数:

$$l(\omega;X)=\frac{1}{n}\sum_{i=1}^{n}\|g_\omega(f_{\theta_1}(x_i))-x_i\|_2^2 \tag{7.1}$$

其中,g_ω 和 f_{θ_1} 的结构可以完全异构,如本书实验。在复原阶段,攻击者输入特征输出 $v_0=f_{\theta_1}(x_0)$ 到反卷积网络复原图像 $x_0'=g_\omega(v_0)$。

算法 7.1 反卷积网络算法

输入:查询图像集合 X;目标图像的特征输出 v_0;输入批量大小 B;训练迭代次数 T;学习率 η

输出:复原图像 x'_0。

1　输入 X 查询模型 f_{θ_1} 得到特征输出集合 $V = f_{\theta_1}(X)$ //查询阶段

2　初始化反卷积网络 g_ω 参数 ω_0 //训练阶段

3　for t $\in T$ do

4　　切分特征输出集合 V 为批量集合 β,每个批量样本数为 B

5　　for 每个特征输出批量 $b \in \beta$ do

6　　　更新反卷积网络参数 $\omega_{t+1} \leftarrow \omega_t - \eta \nabla l(w_t; b)$

7　　end for

8　end for

9　输入 v_0 到 g_ω 得到复原数据 $x'_0 = g_\omega(v_0)$ //复原阶段

7.2 现有隐私保护方法概述

7.2.1 切点选择方法

切点选择方法通过选择深度网络的切分点,达到干扰图像复原效果的目的。深度网络切分点的选取决定了两部分深度网络的大小,这不仅会影响车载设备的计算和通信负荷,同时也会影响车载设备隐私泄露的程度。如果选择较前的网络层作为切分点,则前半部分的网络较小,车载设备的计算负荷较小,但需要传输的特征输出也较大。同时,特征输出包含原始数据的信息较大,攻击者更容易复原原始图像,隐私泄露更严重。因此,车载设备需要综合考虑任务负荷和隐私保护选择最优的切分点。

7.2.2 噪声干扰方法

噪声干扰方法添加随机生成的高斯噪声或拉普拉斯噪声到车载设备网络的输入图像和特征输出。由于特征输出被噪声扰动,因此基于特征输出复原原始图像的攻击也会受到干扰,复原图像的过程变得困难。但是,注入噪声也会干扰模型推断的精度。如果注入噪声幅值过大,虽然保护了车载设备的隐私,但是可能导致推断结果严重错误,这属于本末倒置。该方法主要根据不断试验尝试找到最优的噪声幅值,缺乏明确的理论指导。

7.2.3　随机丢弃方法

随机丢弃方法对车载设备网络的输入图像和特征输出随机选取一定比例的元素置零(即丢弃)。通过这种方式减少特征输出所携带的信息,从而干扰基于特征输出的原始图像复原攻击。但是,特征输出信息的减少也会干扰模型推断的精度。如果选取丢弃的元素比例过大,虽然保护了车载设备的隐私,但会严重干扰推断结果,得不偿失。而且,该方法缺乏理论指导,只能根据不断试验找到最优的丢弃元素比例均衡隐私保护和模型推断精度。

7.3　推断机制和激励机制设计

7.3.1　基于差分隐私的推断机制

如图 7.2 所示,针对图像复原攻击设计模型扰动、输入扰动、输出扰动等三种差分隐私防御机制,通过在模型参数、输入图像和特征输出注入拉普拉斯噪声,干扰攻击者的图像复原。

算法 7.2 表示模型扰动机制。首先限制模型参数小于 C_M。然后对其注入均值为 0、尺度为 $\sigma_M = 2C_M/\varepsilon$ 的随机拉普拉斯噪声。最后用注入噪声的模型执行推断,得到特征输出 $\bar{V}$。

算法 7.2　模型扰动算法

输入:输入图像 X,车载设备模型 f_{θ_1},模型参数阈值 C_M,隐私预算 ε

输出:特征输出 $\bar{V}$

1　限制模型参数大小 $\theta_1 = \theta_1 / \max\left(1, \dfrac{\|\theta_1\|_\infty}{C_M}\right)$

2　对模型参数注入噪声 $\theta_1 = \theta_1 + \mathrm{Lap}\left(\dfrac{2C_M}{\varepsilon}\right)$

3　计算模型扰动后的输出结果 $\bar{V} = f_{\theta_1}(X)$

4　return $\bar{V}$

算法 7.3 表示输入扰动机制。首先限制输入图像像素值小于 C_I。然后对其注入均值为 0、尺度为 $\sigma_I = 2C_I/\varepsilon$ 的拉普拉斯噪声。最后输入注入噪声的图像到模型执行推断，得到特征输出 $\bar{V}$。

算法 7.3　输入扰动算法

输入： 输入图像 X，车载设备模型 f_{θ_1}，输入图像像素阈值 C_I，隐私预算 ε

输出： 特征输出 $\bar{V}$

1　限制输入图像大小 $X = X/\max\left(1, \dfrac{\|X\|_\infty}{C_M}\right)$

2　对输入图像注入噪声 $X = X + \mathrm{Lap}\left(\dfrac{2C_I}{\varepsilon}\right)$

3　计算输入扰动后的输出结果 $\bar{V} = f_\theta(X)$

4　return $\bar{V}$

算法 7.4 表示输出扰动机制。首先执行模型推断得到特征输出 V，并限制其元素小于 C_O。然后对其注入均值为 0、尺度为 $\sigma_O = 2C_O/\varepsilon$ 的随机拉普拉斯噪声，得到 $\bar{V}$。

算法 7.4　输出扰动算法

输入： 输入图像 X，车载设备模型 f_{θ_1}，输出结果元素阈值 C_O，隐私预算 ε

输出： 特征输出 $\bar{V}$

1　计算输出结果 $V = f_\theta(X)$

2　限制输出结果大小 $V = V/\max\left(1, \dfrac{\|V\|_\infty}{C_O}\right)$

3　对输出结果注入噪声 $\bar{V} = V + \mathrm{Lap}\left(\dfrac{2C_O}{\varepsilon}\right)$

4　return $\bar{V}$

利用差分隐私定义推导，得出以下结论。

定理 7.1　给定输入图像 X 和车载设备深度模型 θ_1，当注入模型参数的拉普拉斯噪声尺度为 $2C_M/\varepsilon$ 时，算法 7.2 满足 ε 差分隐私保护。

证明　给定任意相邻输入 X 和 X'，有模型参数 θ_1 和 $\bar{\theta}_1$，使得 $f_{\theta_1}(X) \in S$，$f_{\bar{\theta}_1}(X') \in S$。因为模型参数大小阈值为 C_M，所以全局敏感度为：

$$\Delta_M = \max_{X,X'} \|\theta_1 - \bar{\theta}_1\|_1 \leqslant 2C_M \tag{7.2}$$

计算得到：

$$\frac{\Pr\left[f_{\theta_1 + \mathrm{Lap}\left(0, \frac{2C_M}{\varepsilon}\right)}(X) = S\right]}{\Pr\left[f_{\theta_1 + \mathrm{Lap}\left(0, \frac{2C_M}{\varepsilon}\right)}(X') = S\right]} = \frac{e^{-\frac{\varepsilon}{2C_M}|\theta_1|}}{e^{-\frac{\varepsilon}{2C_M}|\bar{\theta}_1|}} = e^{\frac{\varepsilon}{2C_M}(|\theta_1| - |\bar{\theta}_1|)} \leqslant e^{\frac{\varepsilon}{2C_M}|\theta_1 - \bar{\theta}_1|} \leqslant e^\varepsilon \tag{7.3}$$

根据定义 7.1,当 $\sigma_M = 2C_M/\varepsilon$ 时,算法 7.2 满足 ε 差分隐私。

定理 7.2　给定输入图像 X 和车载设备深度模型 θ_1,当注入输入图像的拉普拉斯噪声尺度为 $2C_I/\varepsilon$ 时,算法 7.3 满足 ε 差分隐私保护。

证明　因为输入图像像素值在范围 C_I 内,所以对于任意相邻输入 X 和 X',全局敏感度为:

$$\Delta_I = \max_{X,X'} \| X - X' \|_1 \leqslant 2C_I \tag{7.4}$$

计算得到:

$$\frac{\Pr\left[f_{\theta_1}\left(X + \mathrm{Lap}\left(0, \frac{2C_I}{\varepsilon}\right)\right) = S\right]}{\Pr\left[f_{\theta_1}\left(X' + \mathrm{Lap}\left(0, \frac{2C_I}{\varepsilon}\right)\right) = S\right]} = \frac{e^{-\frac{\varepsilon}{2C_I}|X|}}{e^{-\frac{\varepsilon}{2C_I}|X'|}} = e^{\frac{\varepsilon}{2C_I}(|X| - |X'|)} \leqslant e^{\frac{\varepsilon}{2C_I}|X - X'|} \leqslant e^{\varepsilon} \tag{7.5}$$

根据定义 7.1,当 $\sigma_I = 2C_I/\varepsilon$ 时,算法 7.3 满足 ε 差分隐私。

定理 7.3　给定输入图像 X 和车载设备深度模型 θ_1,当注入计算结果的拉普拉斯噪声尺度为 $2C_O/\varepsilon$ 时,算法 7.4 满足 ε 差分隐私保护。

证明　因为计算结果元素限制在范围 C_O 内,因此对于任意相邻输入 X 和 X',全局敏感度为:

$$\Delta_O = \max_{X,X'} \| f_{\theta_1}(X) - f_{\theta_1}(X') \|_1 \leqslant 2C_O \tag{7.6}$$

计算得到:

$$\frac{\Pr\left[f_{\theta_1}(X) + \mathrm{Lap}\left(0, \frac{2C_O}{\varepsilon}\right) = S\right]}{\Pr\left[f_{\theta_1}(X') + \mathrm{Lap}\left(0, \frac{2C_O}{\varepsilon}\right) = S\right]} = \frac{e^{-\frac{\varepsilon}{2C_O}|f_{\theta_1}(X)|}}{e^{-\frac{\varepsilon}{2C_O}|f_{\theta_1}(X')|}}$$

$$= e^{\frac{\varepsilon}{2C_O}(|f_{\theta_1}(X)| - |f_{\theta_1}(X')|)} \leqslant e^{\frac{\varepsilon}{2C_O}|f_{\theta_1}(X) - f_{\theta_1}(X')|} \leqslant e^{\varepsilon} \tag{7.7}$$

根据定义 7.1,当 $\sigma_O = 2C_O/\varepsilon$ 时,算法 7.4 满足 ε 差分隐私。

7.3.2　基于主从博弈的激励机制

设有智能网联汽车集合 N 行驶经过该城市区域,被服务提供商征集采集目标物体的图像数据。每个智能网联汽车 $i \in N$ 以匀速 $v_i \in [20, 60]km/h$ 行驶。根据文献[111],智能网联汽车行驶越慢,在该区域行驶越久,能采集图像数据越多。根据文献[112],行驶较慢的智能网联汽车采集的图像质量更高,因为传感器震动产生的运动模糊较小。换句话说,智能网联汽车的行驶速度 v_i 越慢,该智能网联汽车采集的图像数量越多,质量越好。

应用第 5 章提出的模型扰动方法保护车载设备在车联网协同推断中的数据隐私。考虑路标识别任务,通过对公开数据集 GTSB 的实验,得到推断准确度与隐私预算 ε 之间的关系如图 7.2 所示。隐私预算 ε 越高,推断准确度越高。拟合曲线作为车载设备 i 执行协同推断的贡献度如下:

$$A_i = a\lg(b\varepsilon_i + 1) \tag{7.8}$$

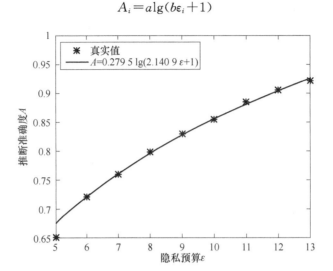

图 7.2　不同隐私预算对推断准确度的影响

显然,服务提供商希望车载设备选择更高的隐私预算 ε_i 以提高推断准确度。因此,服务提供商提供奖励 R 来补偿车载设备的隐私损失,激励它们选择更高的隐私预算。每个车载设备根据它的贡献占比来分配这笔奖励。车载设备的贡献与 ε_i 和 v_i 有关。类似文献[36],车载设备 i 的收益为 $R\left(\dfrac{\varepsilon_i}{v_i} \Big/ \sum\limits_{i\in N} \dfrac{\varepsilon_i}{v_i}\right)$。车载设备的成本定义为潜在的隐私损失。根据第 5 章的差分隐私分析,隐私预算越小,隐私保护等级越高。如果隐私被泄露,那么车载设备 i 的经济损失为 $c_i + e/v_i$。其中,e/v_i 是智能网联汽车执行群智感知任务的开销,e 是开销参数,c_i 是车主 i 对收集数据的隐私价值评估。因此,车载设备 i 的效用为:

$$U_i(\varepsilon_i) = \frac{\dfrac{\varepsilon_i}{v_i}}{\sum\limits_{i\in N} \dfrac{\varepsilon_i}{v_i}}R - \varepsilon_i\left(c_i + \frac{e}{v_i}\right) \tag{7.9}$$

服务提供商需要聚合所有车载设备的推断结果,以避免单一车载设备造成的误差。建模聚合的推断结果增益为所有车载设备推断准确度的加权聚合,即:

$$\bar{A} = a\sum_{i\in N} \frac{1}{v_i}\lg(b\varepsilon_i + 1) \tag{7.10}$$

其中,$1/v_i$ 是权重。服务提供商对行驶较慢的智能网联汽车给予更高的权重。这是因为行驶较慢的智能网联汽车可以采集更多质量更好的图像数据。因此,服务提供商的效用为:

$$u_S(R) = \lambda\bar{A} - R = \lambda a\sum_{i\in N} \frac{1}{v_i}\lg(b\varepsilon_i + 1) - R \tag{7.11}$$

其中,λ 是把推断结果转化为经济效益的转化因子。

一对多斯坦伯格博弈是由一个主方参与者和多个从方参与者构成的决策工具[113]。每个参与者都是理性的,只考虑最大化自己的效用。从方参与者可以在观察主方参与者的决策后,再选择自己对应的最优决策。而非合作博弈是由多个互相竞争的同等理性参与者所构成,它们会同时决定自己的决策。

本书研究的问题是为服务提供商设计一个最优奖励 R 补偿车载设备的隐私损失,同时每个车载设备选择隐私预算 ε_i 完成隐私保护下的车联网协同推断任务。因此,构建激励机制设计问题为一个主从斯坦伯格博弈问题,其中服务提供商是主方参与者,车载设备是从方参与者。每个车载设备需要根据给定奖励 R 和其他车载设备的隐私策略决定自己的最优响应 ε_i^*。该问题描述为问题(7.12):

$$\max_{\varepsilon_i} U_i(\varepsilon_i)$$
$$\text{s. t.}\quad C1:\varepsilon_{\min}\leqslant\varepsilon_i\leqslant\varepsilon_{\max} \tag{7.12}$$

根据第 5 章的实验结果,隐私预算 ε_i 的大小会同时影响推断准确度和隐私保护程度。隐私预算越高,推断准确度越高,但是隐私泄露风险也越高。因此,$\varepsilon_{\min}$ 保证模型扰动方法下的推断准确度,而 $\varepsilon_{\max}$ 保证满足所需的最低隐私保护程度。服务提供商需要设置奖励 R 来控制推断准确度。它的目标是找到最优奖励 R^* 平衡从模型推断转化的经济收益和给予车载设备的奖励开支。因此,该问题描述为问题(7.13):

$$\max_R U_S(R) \tag{7.13}$$

问题(7.12)和问题(7.13)构成了主从斯坦伯格博弈。这个主从博弈的目标是找到斯坦伯格均衡(Stackelberg Equilibrium,SE)点,使得所有参与者获得最大效用,不会再改变自己的策略。具体定义如下。

定义 7.1(斯坦伯格均衡)　令问题(7.12)的最优解为 ε_i^*,问题(7.13)的最优解为 R^*,如果满足条件:

$$U_S(R^*,\varepsilon^*)\geqslant U_S(R,\varepsilon^*) \tag{7.14}$$
$$U_i(\varepsilon_i^*,R^*)\geqslant U_S(\varepsilon_i,R^*) \tag{7.15}$$

那么点 (R^*,ε^*) 是该博弈的一个斯坦伯格均衡点。其中,$\varepsilon^*=\{\varepsilon_1^*,\varepsilon_2^*,\cdots,\varepsilon_N^*\}$ 是车载设备的最优响应集合。

车载设备相互之间平等竞争奖励,因此构成非合作子博弈。这个博弈的目标是找到一个纳什均衡点(Nash Equilibrium,NE),使得所有车载设备获得最大效用,不会再改变自己的决策。具体定义如下。

定义 7.2(纳什均衡)　令 $(\varepsilon_i^*,\varepsilon_{-i}^*)$ 为问题(7.12)的最优解,ε_{-i}^* 是除车载设备 i 外其他车载设备最优决策的集合。如果 $(\varepsilon_i^*,\varepsilon_{-i}^*)$ 满足条件:

$$U_i(\varepsilon_i^*,\varepsilon_{-i}^*)\geqslant U_i(\varepsilon_i,\varepsilon_{-i}^*),\quad\forall i \tag{7.16}$$

那么其为该非合作子博弈的纳什均衡点。

首先分析非合作子博弈中纳什均衡的存在性和唯一性。

定理 7.4　车载设备之间的非合作子博弈存在纳什均衡。

定理 7.5　在车载设备非合作子博弈的纳什均衡点,车载设备 i 的最优响应函数表达式可以写为:

$$\varepsilon_i^* = \frac{Rv_i(|N|-1)}{\sum\limits_{i\in N}v_ik_i}\left(1-\frac{v_ik_i(|N|-1)}{\sum\limits_{i\in N}v_ik_i}\right) \tag{7.17}$$

定理 7.6　如果满足条件：

$$\sum_{i\in N}v_ik_i > 2v_ik_i(|N|-1) \tag{7.18}$$

那么车载设备非合作子博弈的纳什均衡点唯一。

至此，已证明车载设备的非合作子博弈存在唯一的纳什均衡。利用动态最优响应方法可以找到纳什均衡点，从而解决问题(7.13)。

把 ε_i^* 代入问题(7.12)的目标函数，得

$$u_S(R) = \lambda a\sum_{i\in N}\frac{1}{v_i}\lg(\varepsilon_iR+1) - R \tag{7.19}$$

其中，$\varepsilon_i = \dfrac{bv_i(|N|-1)}{\sum\limits_{i\in N}v_ik_i}\left(1-\dfrac{v_ik_i(|N|-1)}{\sum\limits_{i\in N}v_ik_i}\right)$。

定理 7.7　服务提供商和车载设备组成的主从斯坦伯格博弈存在唯一的斯坦伯格均衡点。

问题(7.12)的目标函数是一个凹函数，因此可以直接用现有的典型凸优化算法(如对偶分解算法)求解。如果服务提供商知道所有车载设备的数据估值 c_i，那么可以通过中心式算法直接求解最优决策 R^*。为了保护车载设备的隐私，根据文献提出的分布式算法，使服务提供商在没有得到数据估值的情况下求解最优决策。

算法 7.5　分布式算法求解斯坦伯格均衡

输入：智能网联汽车行驶速度 $\{v_i\}$；采集数据估值 $\{c_i\}$；开销参数 e；收益转化隐私 λ；推断准确度拟合参数 a,b；学习率 η；阈值 δ

输出：最优奖励 R^*；最优隐私预算 ε^*

1　初始化 R

2　repeat

3　　for 车载设备 $i\in N$ do

4　　　车载设备 i 根据式(7.17)选择最优响应 ε_i^*

5　　end for

6　　服务提供商更新奖励 $R(t+1)=R(t)+\eta\nabla U_S(R(t))$

7　　$R^*=R(t+1)$

8　　$t\leftarrow t+1$

9　until $\dfrac{\|R(t+1)-R(t)\|_1}{\|R(t)\|_1}<\delta$ and 所有车载设备的 $U_i>0$

10 return(R,ε^*)

7.4　实　验　评　估

7.4.1　推断机制效果评估

本书基于路标识别数据集 GTSRB[114] 进行实验。图 7.3 表示本书实验所用的深度卷积网络和反卷积网络,并选择第 2 个池化层为切分点。两个网络均采用 ADAM 优化器训练,学习率为 0.001。

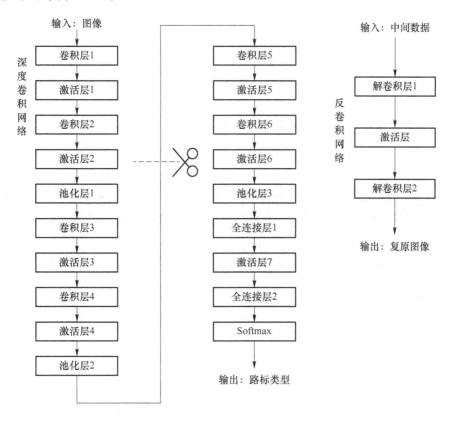

图 7.3　实验所用深度卷积网络及反卷积网络

实验通过均方误差、结构相似性、峰值信噪比衡量图像复原的质量。设原始图像和复原图像为 A 和 B,图像大小为 $m\times n$。$A(i,j)$ 和 $B(i,j)$ 为 A 和 B 在位置 (i,j) 的像素值。

（1）均方误差（Mean Squared Error,MSE）

以像素值的均方差衡量复原图像和原始图像的相似度。MSE 越大,复原图像和原

始图像相似度越低,隐私保护效果越好。MSE 的定义如下:

$$\text{MSE}(A,B) = \frac{1}{mn} \sum_{i,j=1,1}^{m,n} \| A(i,j) - B(i,j) \|^2 \tag{7.20}$$

(2)结构相似度(Structural Similarity,SSIM)

以结构信息衡量复原图像和原始图像的相似度,取值范围[0,1],SSIM 越小,复原图像和原始图像相似度越低,隐私保护效果越好。令 A 和 B 的像素均值为 μ_A 和 μ_B,方差为 σ_A 和 σ_B,协方差为 σ_{AB},c_1 和 c_2 为参数,SSIM 的定义如下:

$$\text{SSIM}(A,B) = \frac{(2\mu_A\mu_B + c_1)(2\sigma_{AB} + c_2)}{(\mu_A^2 + \mu_B^2 + c_1)(\sigma_A^2 + \sigma_B^2 + c_2)} \tag{7.21}$$

(3)峰值信噪比(Peak Signal-to-Noise Ratio,PSNR)

以像素点的峰值误差衡量相似度。PSNR 越小,复原图像和原始图像相似度越低,隐私保护效果越好。PSNR 的定义如下:

$$\text{PSNR}(A,B) = 10\lg \frac{255^2}{\text{MSE}(A,B)} \tag{7.22}$$

图 7.4 显示在三种算法的不同隐私预算下,攻击者使用图像复原攻击还原的图像。模型扰动算法对图像复原攻击的防御效果最显著,当 $\varepsilon = 10$ 时,模型扰动算法防御下的复原图像难以分辨图标,而输入扰动算法和输出扰动算法防御下的复原图像仍能看到部分细节。

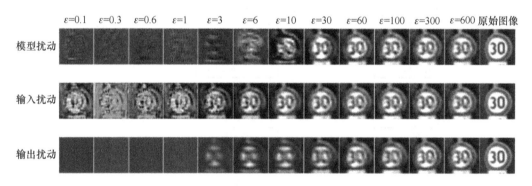

图 7.4 三种差分隐私防御算法保护下的还原图像

图 7.5、图 7.6、图 7.7 分别表示三种算法选择不同的隐私预算,对应的复原图像与原始图像之间的 MSE、PSNR、SSIM。防御效果从高到低分别为模型扰动算法、输出扰动算法、输入扰动算法。

图 7.8 表示三种算法选择不同隐私预算时,推断准确度受到的影响。相比输入扰动和输出扰动算法,模型扰动算法对推断准确度的影响明显更小。

图 7.9、图 7.10 表示推断准确度和还原图像质量(PSNR 和 SSIM)之间呈现相反关系。PSNR 和 SSIM 越小,隐私保护效果越好,推断精确度越低。其中,模型扰动算法在均衡隐私保护和推断精确度方面表现最显著。

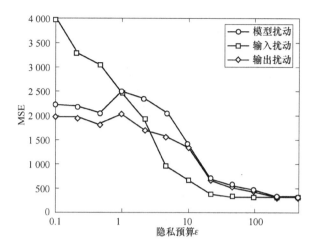

图 7.5　不同隐私预算对应的复原图像 MSE

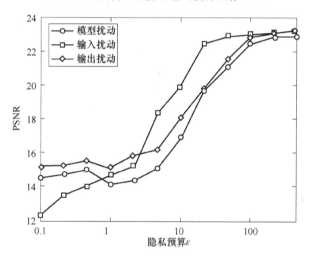

图 7.6　不同隐私预算对应的复原图像 PSNR

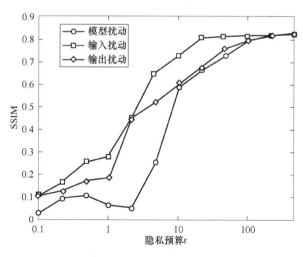

图 7.7　不同隐私预算对应的复原图像 SSIM

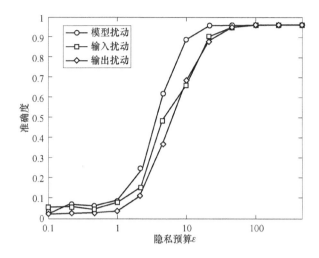

图 7.8　不同隐私预算对模型推断准确度的影响

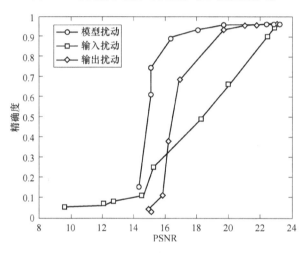

图 7.9　模型推断准确度 vs PSNR

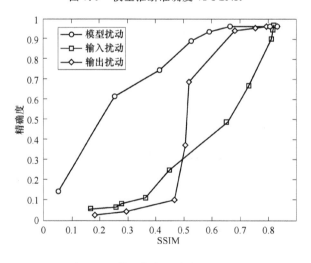

图 7.10　模型推断准确度 vs SSIM

7.4.2　激励机制效果评估

本节通过仿真实验检验所提出激励机制的有效性。仿真 5～30 辆车在 1 km×1 km 城市区域行驶并被征集执行群智感知和协同推断任务,行驶速度随机采样自[5,15] m/s。收益转化因子选取范围 $\lambda \in [1\,000, 1\,250]$。车载设备对采集数据的估值 $c_i \in [5, 10]$。开销参数设为 $e = 10$。

图 7.11 和图 7.12 显示服务提供商采用中心式激励机制、分布式激励机制、线性激励机制设计奖励时,服务提供商和车载设备获得的效用。当使用中心式激励机制,服务提供商知道所有车载设备的数据估值信息,用凸优化工具直接求解最优奖励决策。当采用本书提出的分布式激励机制,服务提供商不知道车载设备的数据估值信息,通过交互更新自己的奖励决策。当采用线性激励机制时,服务提供商不知道车载设备的数据估值,直接给予和隐私损失呈线性比例的奖励数额。如图 7.11 和图 7.12 所示,采用分布式激励机制的效果仅比采用中心式激励机制的效果仅降低 0.5%。此现象是由于服务提供商不知道车载设备的数据估值信息,只能靠交互逼近最优决策,存在误差。当采用线性激励机制时,服务提供商获得效用最低,而车载设备获得效用最高。此现象是由于服务提供商提供的奖励和车载设备的数据估值成正比,没有考虑其他车载设备的决策,使得奖励成本增加。在不知道车载设备的数据信息估值时,本书提出的激励机制可使服务提供商获得最高的经济效用,接近中心式激励机制的最优解。服务提供商和车载设备的效用随效益转化因子 λ 递增。此现象是由于效益转化因子 λ 越高,服务提供商从模型推断获得的效益越高,因此给予车载设备更多奖励。

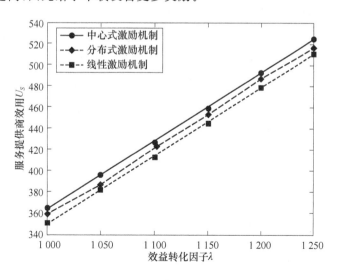

图 7.11　使用不同激励机制获得的服务提供商效用 U_s

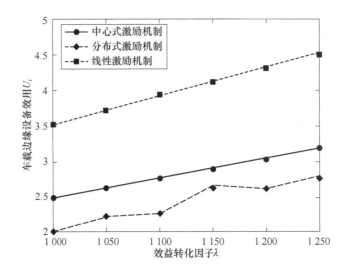

图 7.12　使用不同激励机制获得的车载设备效用 U_i

本 章 小 结

　　本章以 6G 车联网中的协同推断为例,针对潜在的黑盒图像复原攻击,设计三种差分隐私防御算法,即模型扰动、输入扰动、输出扰动,分别在深度模型参数、输入原始图像、输出特征数据中,注入尺度可控的、随机生成的拉普拉斯噪声。理论分析证明算法满足差分隐私保护。实验结果验证所提算法能有效均衡隐私保护和模型推断的准确度。同时,研究车联网协同推断场景的激励机制问题。考虑模型扰动算法的隐私预算及移动车速的影响,建模车载设备执行协同推断的贡献度和潜在隐私损失。基于贡献度和隐私损失模型,把激励设计问题构建成主从博弈问题。并用分布式算法,在服务提供商不知道车载设备隐私损失信息的条件下,求解唯一的斯坦伯格均衡点。理论证明和仿真实验表明,在斯坦伯格均衡点,服务提供商和车载设备分别选择最优的奖励决策和最优隐私决策,最大化各自获得的经济效用。

第4部分
面向零信任网络的
可信可靠智能

第 8 章

零信任网络概述

8.1　零信任技术及研究现状

8.1.1　零信任的演进

图 8.1 展示的是零信任概念演进的历程。零信任雏形最早源于 2004 年成立的 Jericho Forum,其成立目的是在网络安全边界越来越窄的情况下,寻求全新安全架构及解决方案。2010 年,Forrester 的分析师约翰·金德维格正式提出了"零信任"(Zero Trust)一词。这几年业内对零信任的理论有了更深刻的理解,并且进行了实践,零信任已经从理论走向了实际应用,安全技术架构也在零信任网络环境下不断的演进。零信任的架构逐步适应了云服务、大数据中心、边缘服务等众多场景的需求[115,116]。

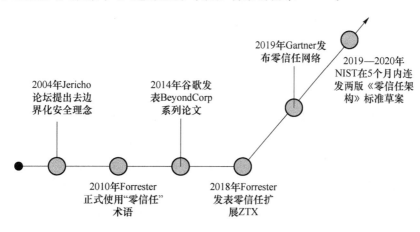

图 8.1　零信任概念演进历程

8.1.2　零信任核心原则及架构

《零信任网络：在不可信网络中构建安全系统》一书中[117]，作者使用如下五句话对零信任安全进行了抽象概括：

- 网络无时无刻不处于危险的环境中。
- 网络中自始至终存在外部或内部威胁。
- 网络位置不足以决定网络的可信程度。
- 所有的设备、用户和网络流量都应当经过认证和授权。
- 安全策略必须是动态的，并基于尽可能多的数据源计算而来。

零信任的核心思想：在默认情况下，网络中的任何人、事、物均不可信，应在授权前对任何试图接入网络和访问网络资源的人、事、物进行验证。

可将零信任架构的总体框架归纳如图 8.2 所示。

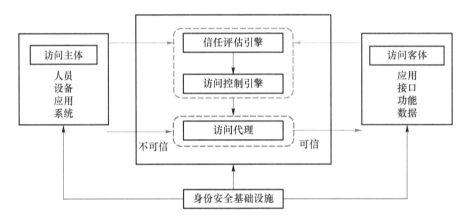

图 8.2　零信任架构[116]

图 8.2 中的访问主体包括人员、设备、应用和系统。通过信任评估引擎，对访问主体进行身份验证，通过访问控制引擎和访问代理对访问主体进行授权。访问的客体主要包括应用、接口、功能和数据。通过一系列身份安全基础设施，完成零信任的环境下的可信接入。

在网络环境中，信任是指当点击链接或相信邮件内容时，在会话中与远程方交流的预期结果。结果要么是积极的交流价值，要么是被黑客或以某种方式欺骗。信任跨越了从 IP 层到应用程序和内容的所有协议层。网络通信中的信任系统，即信任网络，应该有助于解决以下问题：主机能否在不被攻击或有黑客攻击的情况下与远程方通信？这种交互会导致数据丢失吗？来自远程网络的流量是否应该在重负载下被服务？或者最好放弃这个流程，将资源投入其他流程中？数据包中的源地址可能是伪造的吗？在与远程方通信时,主机如何最大限度地减少未来可能受到的攻击或长期的隐私损失?各方如何保护其沟通的数据不被任何未经授权的各方泄露或访问?可信网络可保障高效的通信和保护用户的隐私安全。

8.1.3　零信任关键技术

（1）现代身份与访问管理技术

随着 6G 通信技术的发展,越来越多的设备需要接入网络,万物互联的时代已经到来。目前,工业互联网、云计算、人工智能和通信设施等智能基础设施的建设不断提速,出现了一系列数字化转型需求,如智慧城市、智慧园区和智慧交通等。随着数字化转型的进一步深化,用户访问关系更加复杂,新型服务和设备的需求与日俱增。为保证现代信息系统对接入设备或应用的身份验证和授权需求,刷脸识别、指纹识别、虹膜识别、掌纹识别和声纹识别等基于人工智能的身份验证方法已经全面应用。通过 AI 身份识别,可构建现代访问管理平台,利用统一身份、统一访问、统一授权、AI 融合认证和风险预警等技术保护系统与网络的安全。

（2）软件定义边界技术

软件定义边界(Software-Defire Perimeter,SDP)技术通过软件的方式,在云计算和移动互联网的背景下,为相关系统构建虚拟边界,利用基于身份的访问控制以及完备的权限认证机制,保障系统中应用和服务的数据隐私安全,使网络黑客无法对系统资源发动攻击,从而保护系统的安全性与稳定性。

（3）微隔离技术

微隔离(Micro-segmentation)又称软件定义隔离、微分段,最早由 Gartner14 在其软件定义的数据中心相关技术体系中提出。作为一种网络安全技术,其重点用于阻止攻击者在进入企业系统数据中心网络内部后的东西向移动访问。微隔离技术将系统分为控制面和数据面,并通过现代加密、防火墙和容器等技术进行隔离。数据面包括企业系统中的用户数据和网关,控制面包括企业系统中的策略引擎和管理者。通过微隔离技术,提升企业系统对东西和南北流量的控制与管理,从而提升企业系统的安全性。

8.2　零信任应用场景

8.2.1　大数据中心

数字经济时代,数据是推动经济社会发展的必要生产要素。目前,我国在贵州和乌兰察布分别设立了南方数据中心基地和北方数据中心基地,直接带动了当地的产业发展和经济增长。面对新基建的历史机遇,随着 6G 网络、5G 网络、人工智能、物联网等产业的成熟,智慧城市、智慧工厂、智慧电网、车路协同等新型应用场景的持续推广带来数据指数级增长。海量数据进入数据中心进行集中存储和处理,大型的数据中心面临着日益严重的安全、可靠问题。特别在新冠肺炎疫情动态清零的政策下,一旦发生疫情,就需要通过大数据的方法快速核查病原和密切接触人员,各大城市的防疫健康码、线上办公、线上就医和电商消费都离不开大数据中心的支撑[118]。未来,随着 6G 时代的到来,社会对于数据处理能力的需求急剧增长,数据本身已成为一种资产被越来越多地共享与交易。

大数据中心在业务上要求数据集中与共享,通过联邦学习、差分隐私和激励机制,可实现多政府部门、多公司平台、多行业数据的融合。大数据中心在实现数据的集中存储与融合的同时,也将集中更多的风险,从而使其更容易成为攻击的目标。大数据中心面临以下挑战:

① 针对大数据中心边界的猛烈攻击;

② 内部工作人员对数据的恶意窃取;

③ 数据低效率的保存与应用。

8.2.2　云计算与边缘计算

云计算拥有按需自助服务、泛在接入、伸缩性强与服务可计量收费等特征。目前,主流的云平台包括阿里云平台、谷歌云平台和华为云平台。云服务的相关技术会造成一定的管理短板和技术瓶颈,使云平台面临极大的安全威胁[116]。

目前云服务平台面临的挑战有:

① 云平台提供的服务对客户隐私安全造成的威胁;

② 云平台服务共享技术漏洞带来的威胁;

③ 云平台开源代码给自身带来风险。

为了解决上述问题,目前主要通过细粒度的身份验证与授权机制和微隔离机制等方法,以满足客户对云平台的安全要求。

随着 6G 移动互联网时代到来,大量的设备需要更多算力来提升服务能力。云服务平台无法在满足时延、能耗等要求的前提下,为海量设备提供算力。边缘计算成为提供算力服务的主流方法,通过将服务器下沉,缩短算力与用户的物理距离。

按照“云—边—端”的服务架构,边缘服务器将直接面对海量的设备连接与数据交互。如何平衡服务质量与隐私安全是边缘计算面临的最大挑战。目前,主要通过信誉值评估、身份验证与管理和冗余算力激励机制等一系列技术手段,保障客户的隐私安全与使用体验。

本 章 小 结

　　本章主要介绍零信任技术的发展现状,并对应用场景进行举例说明。6G 无线网络必须应对全新的安全问题,零信任体系架构是一种新的安全概念,旨在应对来自非信任网络环境的潜在威胁。原则上,零信任网络将网络防御的边界缩小到更小的资源组。处于零信任网络环境中的设备被认为处于危险的环境中,因此必须实时检查、评估和认证所有连接设备的安全级别。

第9章

在零信任环境下的可信可靠切片

9.1 切片技术概述

在 5G 系统中,网络将被进一步抽象为"网络切片"(Network Slice)。这种连接服务是通过许多定制软件实现的功能定义的,通过对地理覆盖区域、持续时间、容量、速度、延迟、可靠性、安全性和可用性等相关参数进行分类,组成了可提供不同服务级别的网络通信切片。网络切片并不是一个全新的概念,例如 VPN 特别是蜂窝网络中的 VPN 就更像是网络切片的基本版本。网络切片是 5G 通信的一种网络架构,6G 通信将会沿用并提升这一网络结构,提供陆-海-空全场景的按需网络服务。在提供网络服务时,网络切片可以共享底层基础设施但逻辑上进行硬隔离或软隔离,并且可以根据业务需求组合网络资源,以满足用户需求[119]。

9.1.1 接入侧切片技术

接入侧主要涉及用户与基站之间的空口侧接入。为保障不同业务对时延、带宽和可靠性的需求,接入侧切片技术主要包括 QoS(Quality of Service)调度、资源块资源预留和载波隔离。QoS 是指运营商服务质量,主要以业务场景及实际业务需求为导向,通过对通信资源是否可被占用和最低流比特率等参数的适配,保证空口的可靠性。例如,赛事直播业务需要大量的带宽资源,可以通过上调最低流比特率来保障。传输频率上连续 12 个子载波即时域上的一个时隙为一个资源块,一个子载波的带宽为 15 kHz,一个资源块的带宽为 180 kHz。通过资源块资源预留可以保证特殊业务在空口传输的可靠性。5G 接入侧采用的是正交频分复用,其中将子载波间隔拉长可缩短数据处理时间,从而保障时延敏感型业务的可靠性。

9.1.2 传输网切片技术

传输网主要指业务数据从基站到核心网的传输路径,其切片技术主要包括基于虚拟局域网(VLAN)的软隔离和基于灵活以太网(FlexE)的硬隔离。

不同业务的网络切片具有唯一的切片标识,切片标识符可以根据客户需求进行个性化定制。在传输过程中,根据业务所属切片的表示符将传输数据分配到不同的虚拟局域网中,从而实现业务数据在承载网络的隔离。这种隔离方式虽然将不同业务的数据进行了虚拟隔离,但是相同切片识别符下的所有数据仍然混合调度转发,无法做到硬件、时隙层面的隔离。

FlexE 主要基于时隙调度,在数据传输过程中将以太网端口划分为多个以太网弹性管道,从而提升了传输网的传输效率和数据的隔离程度。面向智慧电网、车路协同等一些高可靠性需求任务时,通过以太网时隙交叉隔离的方式可实现低时延的传输效果,单跳传输时延最低可达 5 μs。另外,基于灵活以太网的硬隔离在接口上可实现单独的 QoS 调度[120]。

9.1.3 核心网切片技术

5G 核心网与 4G 核心网的不同在于控制面与用户面的进一步脱离,其中负责分组报文转发和 QoS 使用量报告的核心网元 UPF(User-plane function)可以下沉到用户侧,如工业园区和基站,从而极大地降低了传输时延。核心网根据不同的业务需求,将各类网元拆分组合为不同的模块化组件形成核心网切片。例如,UPF 可分别下沉到地市或园区,与其他网元一起为用户提供定制化的服务。对于低时延高可靠性类的业务,用户面可部署到边缘服务器上,从而降低通信时延。

9.2 切片部署与调度方法

近年来,联邦学习和强化学习作为解决无线网络优化问题的两种有效学习工具,得到了广泛的应用。联邦学习是一种机器学习框架,可以在用户隐私保护、数据安全和政府法规的要求下,有效地让多个客户端执行数据使用。马尔可夫过程是一种序列数学建模方法,结合强化学习来解决非凸问题。Zhang 等人将联邦学习与 DQN 网络相结合进行强化学习,并根据基站观测到的环境状态优化车载任务卸载方案,降低数据传输能耗[121]。但本工作仅考虑基站服务范围内的情况,并没有将云服务器组合为车辆提供服务。Wang 等人研究了智能设备边缘缓存的资源分配问题,采用联邦学习和基于 DDQN 的强化学习方法[122]。实验结果表明,该方法的仿真结果优于传统方法的仿真结果。但在求解连续动作状态时,DDQN 算法的复杂度较高,且其研究对象不涉及道路上的车辆。Yu 等人利用边缘计算优化了资源分配策略、计算卸载决策和服务缓存布局三个问题[123]。在优化这些问题时,他们设计了一种结合联邦学习的双层 DQN 算法。但联邦学习仅用于边缘缓存的优化,整体方案没有考虑边缘节点是否可信。

9.3　面向零信任网络的可信可靠智能切片设计

本节通过车联网来具体说明零信任环境下的可信可靠智能切片设计,所述方法在其他领域也同样适用。6G 时代,车辆将通过路边单元(RSU)等边缘接入点大量接入无线网络。随着联网车辆的增加,6G 车载网络将进入一个新的具有挑战性的安全边界,即所谓的零信任网络。为了解决零信任安全问题,传统的资源切片和调度解决方案必须不断发展。本节考虑可信的 6G 车载服务,重点研究基于资源切片和调度的车载任务卸载典型场景,有效保障车辆信息安全。

9.3.1　零信任车联网的核心原则及架构

零信任网络的安全问题在 6G 车载网络也广泛存在。随着 C-V2X(Cellular-Vehicle to Everything)的使用,越来越多的 RSU 将部署在路边。RSU 一旦受到攻击,将无法正常工作,很有可能引发交通事故。零信任网络可以用于 6G 车联网边缘计算场景下任务卸载的 V2I 通信。零信任安全问题有以下 5 个特点。

① 所有车辆客户端和 RSU 都处于危险之中。恶意节点可以通过部署各种假任务消耗 RSU 切片资源,从而增加车辆任务执行的延迟。

② 外部环境或内部结构往往会对车辆和 RSU 构成威胁。RSU 中运行的各种应用程序,其固有的漏洞可能会导致 RSU 的业务成功率降低。

③ RSU 的位置不足以决定它的可信度。当 RSU 部署到特定的网络位置时,仍然会有很多原因导致设备异常,如天气、交通事故、部署人员错误、网络攻击等。

④ 在车辆将任务分配给 RSU 及其计算基础设施之前,车辆和 RSU 需要进行身份验证和授权。

⑤ 认证 RSU 的安全策略必须是动态的,并且是根据尽可能多的卸载任务记录来计算的。

据上述特征,车辆网络中的所有参与对象应共同形成端到端信任关系。这些参与对象包括车辆、RSU 甚至云中心,图 9.1 展示了 6G V2I 通信的零信任架构。

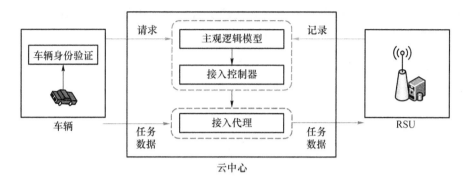

图 9.1　6G V2I 通信的零信任架构

为了抵御潜在的风险,需要在零信任架构中对访问 RSU 进行评估和控制。一方面,RSU 需要验证车辆的真实性和合法性,以避免来自恶意车辆的虚假任务。在实际情况下,为了保护车辆隐私,RSU 会在车辆登记现场核对相关信息,验证车辆。另一方面,车辆在访问 RSU 之前,还应验证 RSU 的信誉,并基于多源数据进行信誉计算,以持续评估信任水平。信任评估策略是零信任体系结构的核心。

9.3.2　车联网中的信任评估机制

当车辆进入汇聚服务器服务范围内时,假设所有 RSU 都不被车辆信任。车辆需要根据历史服务记录计算 RSU 的信誉。通过区块链技术可以保存 RSU 的业务记录。RSU 的信誉计算如下:

$$\mathrm{Trust}_{z \to j} = B_{z \to j} + \kappa L_{z \to j} \tag{9.1}$$

其中:j 代表 RSU,并且 $j \in \mathcal{J} = \{1,2,\cdots,J\}$;$z \to j$ 代表任务 z 从车辆发送到 j;$B_{z \to j}$ 代表车辆对 RSU 的信任值;$L_{z \to j}$ 代表车辆对 RSU 的不确定性,$\kappa \in [0,1]$。根据主观逻辑模型可得:

$$\begin{cases} B_{z \to j} = (1 - L_{z \to j}) \dfrac{\alpha_j}{\alpha_j + \beta_j} \\[2mm] D_{z \to j} = (1 - L_{z \to j}) \dfrac{\beta_j}{\alpha_j + \beta_j} \\[2mm] L_{z \to j} = 1 - \gamma_{z \to j} \end{cases} \tag{9.2}$$

其中,$D_{z \to j}$ 代表车辆对 RSU 的不信任度,$\gamma_{z \to j}$ 表示通信质量。另外,$B_{z \to j} \in [0,1]$,$D_{z \to j} \in [0,1]$,$L_{z \to j} \in [0,1]$ 且 $B_{z \to j} + D_{z \to j} + L_{z \to j} = 1$。$\alpha_j$ 和 β_j 分别为历史上 RSU 和车辆之间正、负相互作用的次数。

根据图 9.1 和图 9.2,车辆接入流程如下。首先,RSU 将验证车辆的合法性。验证完成后,车辆根据信誉值选择可任务卸载的 RSU。主观逻辑模型根据 RSU 的历史记录计算信誉值,信誉值将被传输到访问控制器。接入控制器将每个节点的信誉值与阈值进行比较,并给出一个接入计划,最终由接入代理执行。此过程将重复,以保持 RSU 的信誉更新。

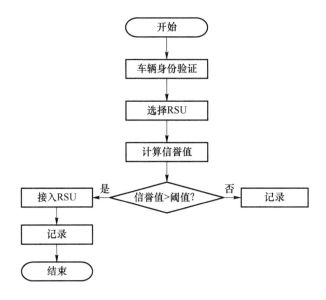

图 9.2　RSU 信誉值更新流程

9.3.3　车联网切片部署优化算法

本节考虑一种分层的车辆网络结构,它具有三层计算基础设施:边缘服务器、汇聚服务器和云服务器。如图 9.3 所示,RSU 部署在道路两侧,边缘服务器安装在 RSU 上。边缘服务器通过有线回程连接到汇聚服务器,汇聚服务器的计算能力比边缘服务器强得多。同时,汇聚服务器的业务范围也包括已接入的边缘服务器,汇聚服务器连接到具有冗余计算资源的云服务器。图 9.3 展示了使用两个汇聚服务器和云服务器的场景。

车辆任务主要分为关键应用(CA)、高优先级应用(HPA)和低优先级应用(LPA)。CA 一般用于与自动驾驶相关的任务,包括行人监控、道路识别等。由于对服务可靠性和延迟的要求极高,一般由车辆自身执行。HPA 通常用于辅助驾驶,如自适应巡航、道路导航等。随着车速的增加,HPA 在可靠性和延迟方面的灵敏度也随之增加。LPA 主要是为司机和乘客提供娱乐服务,如听音乐和看电影。这种类型的任务对服务延迟的容忍度可能比前两种类型的任务大。当图 9.3 左侧的车辆 a 需要完成 HPA 任务时,有边缘服务器、汇聚服务器和云服务器等三种类型为车辆提供服务。这里给出一个 6G 车联网的 URLLC 资源切片和调度问题的解决方案。为了缩短服务延迟,可以将车辆任务分散到边缘服务器、汇聚服务器和云服务器上,下面描述系统模型。

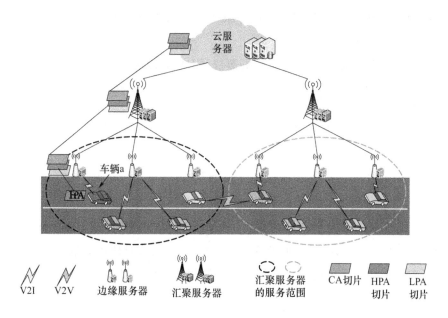

图 9.3　车联网架构

用 z 表示 t 时刻需要卸载的车辆任务，$z \in Z = \{1,2,\cdots,Z\}$。任务 z 被定义为 $z \triangleq$ (b_z,c_z,τ_z)，其中 b_z 代表任务的数据量，c_z 代表任务需要的计算量，τ_z 代表任务的时延要求，若执行任务 z 的时间超过 τ_z，则代表任务失败。

车辆任务 z 可以被卸载到边缘服务器、汇聚服务器或云服务器中的一个，用 k 表示 3 种类型的服务器，$k \in K = \{1,2,3\}$，$k=1,2,3$ 分别代表上述的 3 种服务器。使用 λ 作为指示变量来表示任务卸载的情况，$\lambda \in \{0,1\}$。若 $\lambda_k^z=1$，则代表任务 z 卸载到服务器 k，服务器 k 将为任务 z 提供计算资源。

车辆任务的数量总是在一天的 24 小时中往复变化。通常，白天的车流量比晚上大，大多数城市都有早晚高峰。交通流量的大小直接反映了交通任务的数量。交通越繁忙，交通任务越多。对于时刻 t，车辆任务数 x 服从泊松分布，其概率表达式如下：

$$P(X=x) = \frac{\delta^x}{x!} \mathrm{e}^{-\delta} \tag{9.3}$$

其中，δ 代表泊松分布的参数，$x \in \chi = \{0,1,2,\cdots,Z\}$。根据马尔可夫过程的定义，车辆数量从 t 时刻到 $t+1$ 时刻的状态转移矩阵可以表示为：

$$\boldsymbol{\Theta}_{\mathrm{task}}(t) = \left[\mu_{\alpha,\beta}(t)\right]_{Z \times Z} \tag{9.4}$$

其中，$\mu_{\alpha,\beta}(t) = \Pr\left[x(t+1)=\beta \mid x(t)=\alpha\right]$，并且 $\alpha,\beta \in \chi$。

如图 9.3 所示，车辆通信主要包括车辆到基础设施（V2I）和车辆到车辆（V2V）的通信。V2I 是指车辆与 RSU 之间的通信，V2V 指车辆间的通信。当车辆即将驶出汇聚服务器服务范围时，可以通过 V2V 将车辆任务卸载到即将进入的区域，从而减少切换时延。

假设车辆 m 需要 V2I 通信，车辆 n 需要 V2V 通信，$m \in \mathcal{M} = \{0,1,2,\cdots,M\}$，$n \in \mathcal{N} =$

$\{0,1,2,\cdots,N\}$。为了有效利用频谱,V2V 和 V2I 应该共享正交分配的上行频谱。下面对 V2I 和 V2V 的传输速率进行推导。

对于 V2I 通信,车辆 m 占用的每个资源块(RB)$_i$ 的传输速率表示为:

$$r_m^i = w \cdot \lg(1 + \gamma_m) - \sqrt{\mu^{-1}\left[1 - (\gamma_m + 1)^{-2}\right]} \frac{Q^{-1}(\varepsilon)}{\ln 2} \tag{9.5}$$

其中:$i \in \mathcal{J} = (1,2,\cdots,I)$;$w$ 是带宽;μ 代表 URLLC 业务数据包的大小;ε 为 URLLC 业务的可靠性阈值。γ_m 可以从式(9.6)获得:

$$\gamma_m = \frac{p_m h_m}{\sigma^2 + \sum_{n \in N} \rho_{n,m} p_n \tilde{h}_n} \tag{9.6}$$

其中,p_m、p_n 代表车辆 m、n 的传输功率,h_m 代表车辆 $V2I$ 的信道增益,$\tilde{h}_n$ 为车辆 n 的干扰功率增益。$\rho \in \{0,1\}$,$\rho_{n,m} = 1$ 表示第 n 辆车在 V2V 通信时使用了第 m 辆车的频谱资源,造成了信道干扰。根据式(9.6),车辆 m 的数据传输率可以表示为:

$$R_m = \sum_{i=1}^{I} r_m^i \tag{9.7}$$

对于 V2V 通信,车辆 n 占用的每个资源块(RB)$_i$ 的传输速率表示为:

$$r_n^i = w \cdot \lg(1 + \gamma_n) - \sqrt{\mu^{-1}\left[1 - (\gamma_n + 1)^{-2}\right]} \frac{Q^{-1}(\varepsilon)}{\ln 2} \tag{9.8}$$

其中,γ_n 表示为:

$$\gamma_n = \frac{p_n h_n}{\sigma^2 + U_{V2I} + U_{V2V}} \tag{9.9}$$

其中:h_n 代表 V2V 的信道增益;U_{V2I} 代表车辆 m 与 n 共用 RB 时的干扰,可以通过式(9.10)计算得到:

$$U_{V2I} = \sum_{m \in M} \rho_{m,n} p_m \tilde{h}_m \tag{9.10}$$

令 U_{V2V} 表示车辆 n 与车辆 n' 共用 RB 时的干扰,然后得到其表达式为:

$$U_{V2V} = \sum_{n' \in N, n' \neq n} \rho_{n',n} p_{n'} \tilde{h}_{n'} \tag{9.11}$$

其中,$\tilde{h}_{n'}$ 代表车辆 n' 的信道增益,因此车辆 n 的数据传输率可以表示为:

$$R_n = \sum_{i=1}^{I} r_n^i \tag{9.12}$$

车辆任务 z 在无线接入网的传输时间为:

$$T_z^{\text{wireless}} = \phi \frac{b_z}{R_n^z} + \frac{b_z}{R_m^z} \quad (n \in N, m \in M) \tag{9.13}$$

其中,$\phi \in \{0,1\}$,$\phi = 1$ 表示车辆即将从一个服务范围行驶到下一个服务范围,需要 V2V 才能避免中断,$\phi = 0$ 表示车辆在完成任务前不会驶出服务区,不需要其他车辆作为中继。

考虑到 RB 传输失败的情况,RB 传输失败的概率为:

$$P_z^{\text{error}} = 1 - (1 - \eta)^{I_z} \tag{9.14}$$

其中，η 表示 RB 传输失败的概率，I_z 表示任务 z 占用的 RB 资源个数。

任务 z 通过 6G 无线网络传输到 RSU 后，有时需要根据任务需求，通过有线回程进一步发送到汇聚服务器或云服务器。设置 R_{wired} 为有线回程传输速率，$R_{\text{wired}} = \{R_{\text{wired}}^{\text{con}},$ $R_{\text{wired}}^{\text{cld}}\}$。$R_{\text{wired}}^{\text{con}}$ 和 $R_{\text{wired}}^{\text{cld}}$ 分别表示 RSU 与汇聚服务器和云服务器之间的传输速率。通过有线回程传输任务 z 的时延表示为：

$$T_z^{\text{wired}} = \frac{b_z}{R_{\text{wired}}} \tag{9.15}$$

任务 z 的总传输时延表示为：

$$T_z^{\text{tran}} = T_z^{\text{wireless}} + T_z^{\text{wired}} \tag{9.16}$$

车载任务 z 传输到目标卸载服务器后，服务器将提供计算资源。任务执行时延为：

$$T_z^{\text{comp}} = \frac{b_z c_z}{X_k^z f_k} \tag{9.17}$$

其中，f_k 表示服务器 k 的计算资源切片总数，X_k^z 是任务 z 占用服务器 k 的计算资源的比例。因此，车辆任务 z 总延时为：

$$T_z = T_z^{\text{tran}} + T_z^{\text{comp}} \tag{9.18}$$

除时间延迟外，还需要考虑任务 z 的能量消耗：

$$E_z = p_n \phi \frac{b_z}{R_n^z} + p_m \frac{b_z}{R_m^z} + p_{\text{wired}} T_z^{\text{wired}} + p_{\text{comp}}^k X_k^z \tag{9.19}$$

其中，p_{wired} 表示通过有线回程的发射功率，p_{comp}^k 表示服务器 k 的计算能力。

在本章中，总成本为任务 z 在 t 时刻的时延和能量消耗进行加权求和：

$$G_z(t) = \theta T_z(t) + (1-\theta) E_z(t) \tag{9.20}$$

其中，$\theta \in [0,1]$，可利用权值 θ 来调整时延与能耗在成本函数中的比例。

对于车辆任务卸载问题，车辆首先寻找可信的网络接入节点，然后在满足任务时延和带宽要求的前提下为任务配置切片资源。分配的切片资源既要保证任务的超高可靠性，又要节约能源消耗。优化问题的数学模型建立如下：

$$\min_{\lambda_k^z, \phi_z, X_k^z, I_z} \lim_{t \to \infty} \sum_z^Z \sum_{k=1}^{k=3} \lambda_k^z(t) \cdot G_z(t)$$

$$C1: \sum_{k=1}^{k=3} \lambda_k^z(t) = 1, \quad \forall z \in Z$$

$$C2: 0 \leqslant \sum_{z=1}^Z \lambda_k^z X_k^z \leqslant 1, \quad \forall k \in K$$

$$C3: T_z \leqslant \tau_z, \quad \forall z \in Z$$

$$C4: \sum_{z=1}^Z I_z \leqslant I$$

$$C5: 1 - \prod_{z=1}^Z (1 - P_z^{\text{error}}) \leqslant P^{\text{error}}$$

$$C6: \text{Trust}_{z \to j} \geqslant \text{Trust}_{\text{threshold}}, \quad \forall z \in Z, \forall j \in J \tag{9.21}$$

数学模型中的变量包括 λ_k^z、ϕ_z、X_k^z 和 I_z。在这个问题中,C1 表示任何任务 z 只能被卸载到三个服务器中的一个;C2 表示服务器 k 不能为任务 z 提供超过自身计算能力的计算资源;C3 表示任何车辆任务的完成时间不能超过延迟要求;C4 表示所有任务占用的通信资源切片不能超过总切片数;C5 表示所有车载任务的传输失败率小于一个固定的阈值 P^{error};C6 表示车辆选择 RSU 时,其声誉值必须大于或等于一个固定阈值 $Trust_{threshold}$。

上述优化问题存在连续变量或离散变量,它不是一个凸问题,直接求解目标函数不能得到最优解。本章采用联邦异步强化学习算法来解决这一问题。

如图 9.4 和图 9.5 所示,在云服务器和汇聚服务器之间训练联合学习模型,同时在汇聚服务器和边缘服务器之间训练异步 Actor-critic 模型(A3C)。无论是联邦学习还是A3C,在模型训练过程中都不直接传输车辆的源数据,保证了传统集中式学习算法对车辆隐私的保护。

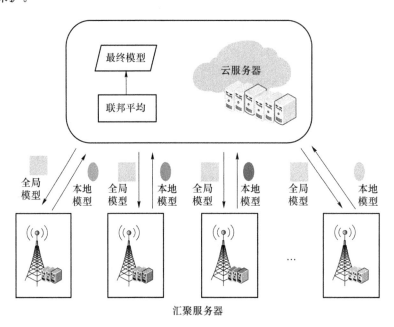

图 9.4　联邦学习算法架构

强化学习是一种基于马尔可夫过程的学习算法,通常有三个基本要素,即状态、行动和奖励。在某个服务范围中,有一个汇聚服务器和多个边缘服务器。边缘服务器挂载在RSU 上。RSU 将收集道路环境状态,用于 A3C 模型的训练。

假设某服务范围在 t 时刻有 Z 个车辆任务需要卸载,记为 $z(t)$,$z(t)=\{1,2,\cdots,Z\}$。边缘服务器、汇聚服务器、云服务器的可用计算资源状态分别记为 $f_1(t)$、$f_2(t)$ 和 $f_3(t)$。车辆在服务服务范围内的剩余行驶时间也是可以观察到的状态变量,即 $l(t)=\{l_1(t),l_2(t),\cdots,l_Z(t)\}$。因此,$t$ 时刻的状态可以表示为:

$$\text{State}(t)=(z(t),f_1(t),f_2(t),f_3(t),l(t),w(t)) \tag{9.22}$$

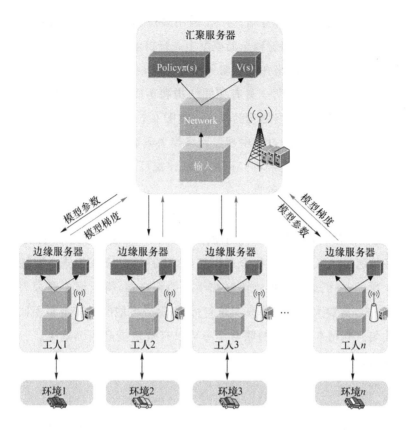

图 9.5　A3C 算法架构

动作是关于优化问题的决策变量。相应地，act1＝$\{\lambda_k^1,\lambda_k^2,\cdots,\lambda_k^z\}$代表车载任务卸载时选择的服务器。act2＝$\{\phi_1,\phi_2,\cdots,\phi_z\}$表示不同车载任务是否需要 V2V 通信。act3＝$\{X_k^1,X_k^2,\cdots,X_k^z\}$表示不同车辆任务占用服务器计算资源的比例。act4＝$\{I_1,I_2,\cdots,I_z\}$表示不同车载任务占用的通信资源块数。随着车辆任务的增加，动作的数量将迅速增加。根据实际情况，可以认为车辆已经根据 $\text{Trust}_{\text{threshold}}$ 预先选择了合适的 RSU，所以车辆对 RSU 选择不包括在动作空间内。因此，t 时刻的动作记为：

$$\text{Action}(t)=(\text{act1},\text{act2},\text{act3},\text{act4}) \tag{9.23}$$

奖励的设置对于强化学习是非常重要的。本章根据优化目标将强化学习的奖励设置如下：

$$\text{Reward}=\begin{cases}-1, & T_z>\tau_z, \quad P_z^{\text{error}}>P^{\text{error}}\\[2mm]\dfrac{G_z(\text{cloud})-G(s,a)}{G_z(\text{cloud})}\end{cases} \tag{9.24}$$

在这种形式中设置奖励将确保满足优化问题中的约束条件 3 和 5。其中，$G_z(\text{cloud})$表示将车辆任务 z 卸载到云服务器，$G(s,a)$表示在状态 s 下选择行动 a 的成本值。通过这个分段函数可以得到优化问题的最优解。

在强化学习中，将基于策略和基于价值的学习方法相结合的一种流行方法称为行为批评(Actor-critic),这是 A3C 的基础。A3C 采用多过程的方法与环境同时交互。每个过程对学习结果进行汇总,并传递到全局模型中进行梯度更新。A3C 拥有一个全局网络和多名员工同时工作。全局网络在汇聚服务器上优化,汇聚服务器主要包括动作网络和评论家网络。动作和批评家是两个具有相同结构和不同输出的神经网络。边缘服务器是与全局网络具有相同神经网络结构的工人。如图 9.5 所示,每个过程在与环境中一定数量的数据交互后,计算其自身过程中神经网络损失函数的梯度。这些梯度并不更新神经网络本身的过程,而是更新全局神经网络。批评家可以看作是动作的评判者,通过优势函数对动作进行评分,公式表示为:

$$A(s,a,t)=Q(s,a)-V(s) \tag{9.25}$$

其中,$Q(s,a)$ 表示状态 s 采用动作 a 时的动作值函数,$V(s)$ 表示状态 s 时的值函数。

汇聚服务器通过 A3C 算法获得全局网络后,还需要在云服务器上训练联邦学习模型。如图 9.4 所示,将汇聚服务器视为联邦学习的客户端,将云服务器视为联邦学习的中心服务器。A3C 需要大量的车辆任务进行优化,服务区域间的车流量不同会导致模型训练效果不均匀。利用本章提出的联合学习可以有效地提高训练效果。云服务器上的联邦聚合公式为:

$$\omega(t) = \frac{1}{s_{\text{con}}} \sum_{i=1}^{i=s_{\text{con}}} \varphi_i \cdot \omega_i(t) \tag{9.26}$$

其中,s_{con} 表示参与的汇聚服务器的总数,φ_i 表示第 i 个汇聚敛服务器管理的车辆任务数与车辆总任务数的比值,可通过下式(9.27)进行计算:

$$\varphi_i = \frac{Z_i}{\sum_{i=1}^{i=s_{\text{con}}} Z_i} \tag{9.27}$$

在 RSU 工作过程中,本章提出的方法只需要将车辆的状态输入到训练好的模型中就可以得到车辆的动作。因此,算法时间复杂度仅与动作网络中的全连通神经网络有关。其中,动作网络的算法复杂度为 $O\left(\sum_{n_l=1}^{N_l} \bar{\omega}_{n_l} \bar{\omega}_{n_l-1}\right)$,$\bar{\omega}_{n_l}$ 表示全连接 n_l 层上的神经网络数量。本章建立了一个完全连通的隐藏层,有 200 个神经元。现有的大多数边缘设备都能够完成这样的计算任务,并满足 6G 车载服务的延迟要求。

9.3.4　实验评估

首先,通过实验验证 A3C 算法的收敛效果。设定员工人数为 10 人,每个员工包含动作网络和评论家网络。如图 9.6 所示,选取四个 worker 的评论网络结果,分别为 worker1、worker3、worker5 和 worker7。可以观察到,随着训练步数的增加,评论值基本达到稳定,这意味着在边缘服务器上运行的算法已经收敛并找到了最优值。

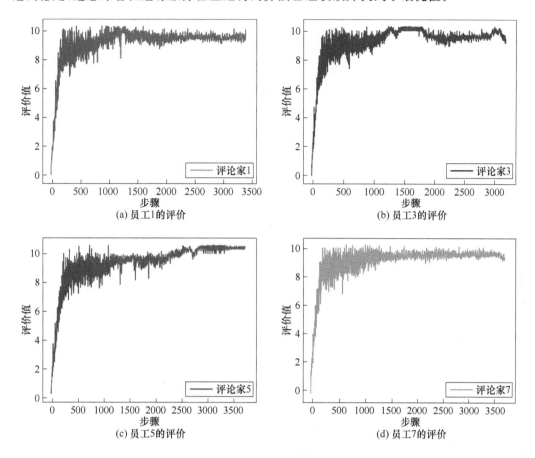

图 9.6　A3C 评论家网络的收敛效果

图 9.7 比较了 FL＋A3C、A3C 和 DQN 三种方法,其中 FL＋A3C 是本节提出的方法。DQN 是一种基于值函数迭代的强化学习算法,主要是将深度学习和马尔可夫过程相结合。FL＋A3C 和 A3C 的工人数都是 10 人。随着训练过程的进行,系统的奖励会按照预期不断增加。当找到目标解决方案时,奖励倾向于保持在最佳值。可以看出,所提出的方法在收敛速度和稳定性方面都优于另外两种方法。

图 9.8 显示边缘服务器计算能力对所有车辆任务卸载总成本 G 的影响。单个 MEC 服务器意味着仅使用边缘服务器为车载任务提供服务。当频率小于 1.1 GHz 时,边缘服务器的算力不足以完成车载任务,因此图中橙色条缺失。在使用边缘服务器＋云服务器的方法时,需要注意边缘服务器计算能力的具体情形,如果边缘服务器计算能力不足,那么将车辆任务直接卸载到云服务器,会造成过多的能源消耗。本实验还考虑了环境中存在恶意 RSU 的场景。在这种情况下,将任务卸载给恶意的 RSU 将面临通信和计算资源不足或不受信任的情况,从而不得不重新选择值得信任的 RSU,最终会增加成本。

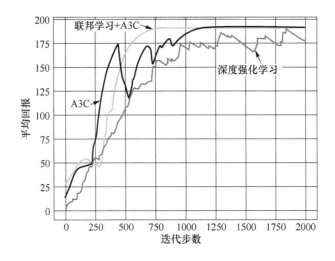

图 9.7　三种优化方法的比较

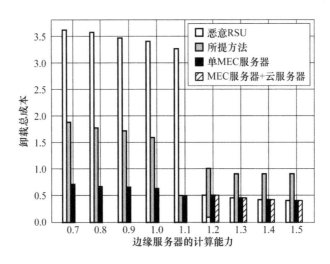

图 9.8　边缘服务器计算能力对系统的影响

本 章 小 结

　　本章主要介绍切片技术,并调研了目前已有的切片优化方法。另外,本章给出了一个面向零信任车联网环境下的可信可靠智能切片的调度优化方法。该方法将信誉机制与包括边缘服务器、汇聚服务器和云服务器在内的三层基础设施相结合。为了防止车辆受到恶意节点的攻击,采用主观逻辑模型对边缘节点的信誉值进行评分。然后,使用一个联邦异步强化学习算法来优化问题。仿真结果表明,该方法能够有效地分配任务所需的资源,保护车辆信息安全。

第 10 章
零信任环境下的可信可靠接入

10.1 零知识证明概述

社会中的互动是以信任为基础。在互联网的早期,人们已经意识到信任在网上是无法复制的。在信息时代,信任威胁已成为亟须解决的难题。目前,各行业内大多是通过第三方信任机构建立信任桥梁,20 世纪 80 年代,密码学家发现,可信的第三方机构在理论上可以被消除,并被交互式协议所取代,这样即使某些参与者有恶意行为,也能保证一个可信区分的结果。

零知识证明是指证明者在无须泄露任何关键信息的情况下,通过一定的交互式协议让验证者相信证明者知道或拥有关键信息。零知识证明已经存在了 30 多年,最近区块链的兴起使得零知识证明再次成为研究热点。

零知识证明的定义最初由文献[124]给出,验证者多次提出问题,然后根据证明者的答案对其身份的合法性进行判断,属于交互式零知识证明。文献[125]给出了非交互零知识证明协议,该协议通过减少交互的过程来提高验证的效率。无论是交互式还是非交互式的零知识证明,都要遵循以下三点安全特性。

① 如果证明者合法,那么验证结果一定是接受,不会出现拒绝的情况。

② 如果证明者不合法,那么验证者接受的概率极小,这个概率可以忽略不计。

③ 验证完毕后,验证者无法通过交互的数据获取任何证明者的隐私,从而保护了证明者的隐私安全。

证明者和验证者的身份并不固定,双方可以相互验证,以达到在零信任环境下的验证要求。

10.2 可信可靠接入方法

万物互联时代,5G、6G、云边协同计算、人工智能和区块链等新技术为物联网带来了创新活力,催生了智能工厂、智慧医疗、车路协同和智能穿戴等新兴应用领域。大量的低算力设备需要通过接入边缘服务器获取计算资源和存储资源。但是,海量的设备接入也带来了巨大的数据安全隐患。现有物联网可信可靠接入主要通过对接入设备进行身份管理和授权、建立物联设备标识码和建立物联设备安全基线库等方法控制安全风险。

另外,由于新冠肺炎疫情的影响,线上办公已经逐步成为一种常态化的工作模式。零信任安全架构针对远程办公应用场景,不再采用持续强化边界的思维,将信任边界缩小,不区分局域网与外网。任何人员、设备和应用在获取公司数据时都基于身份验证与授权,访问权限范围内的数据。

10.3 面向零信任网络的可信可靠智能接入方法设计

10.3.1 零知识证明的应用

本节通过车联网来具体说明零信任环境下的可信可靠智能接入方法,所述方法在其他领域也同样适用。6G 通信将车联网的安全边界不断缩小,面向零信任环境下的 6G 车联网为车辆安全带来全新的挑战。零信任架构是一种新的安全概念,旨在应对来自非信任网络环境的潜在威胁。处于零信任环境中的设备或终端在接入网络前必须评估相关接入设备的安全度。本节面向零信任网络环境,提出一种基于零知识证明的 6G 车联网可信接入方法。

在新车上路前,交管部门会赋予车辆标签和通信密钥,表示为⟨Tag,sk⟩。Tag 包含了车辆的品牌、车架号和牌照等隐私信息,sk 主要用于加密。车辆标签和通信密钥属于汽车隐私信息,在验证过程中不能透漏,一旦出现车辆恶意访问行为,交管部门可以根据⟨Tag,sk⟩查找到对应的车辆。另外,交管云服务器将生成 2 个素数对⟨p_1,q_1⟩和⟨p_2,q_2⟩,并计算 $N_1 = p_1 \times q_1$ 和 $N_2 = p_2 \times q_2$,其中 N_1 和 N_2 属于公开的参数。如图 10.1 所示,车辆在进入基站服务范围后,将使用⟨Tag,sk,N_1,N_2⟩计算证据,向基站证明自己身份的合法性。交管部门将⟨Tag,sk,N_1,N_2,p_1,q_1,p_2,q_2⟩存储在主链上,将⟨N_1,N_2,p_2,q_2⟩存储在辅链上。基站和验证服务器维护并使用这些数据对车辆身份进行验证,同时基站也会用这些数据计算证据,向车辆证明自己身份的合法性[126]。

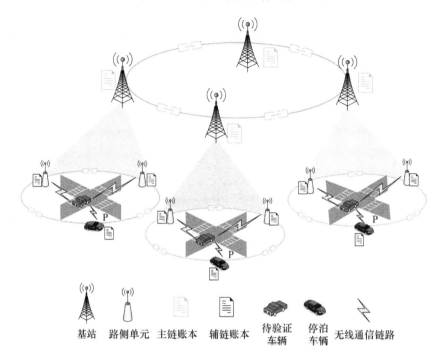

图 10.1 面向 6G 零信任车联网可信接入系统架构

基站基于契约理论激励冗余算力,并根据可信度和可服务时间 2 个维度综合评选出多个合适的路侧单元和停泊的车辆作为验证服务器。设验证服务器的数量为 $I, i \in \mathscr{g} = \{1, 2, \cdots, I\}$。验证算法流程如图 10.2 所示。

第一步,距离车辆最近的验证服务器 i 根据辅链中记录的验证信息判断车辆是否需要验证。当确认车辆身份需要验证时,验证服务器 i 将通知其他验证服务器开始生成验证策略。

首先每个验证服务器生成 1 个随机数 $r_{\mathrm{ri}} \in \mathbb{Z}_{N_2}^*$,$r_{\mathrm{ri}}$ 是一个 n 位的二进制数,计算公式如下:

$$r_{\mathrm{ri}} =_u \{0, 1\}^n \tag{10.1}$$

另外,每个验证服务器产生一个向量 $\boldsymbol{e}_i = [e_{i1}, e_{i2}, \cdots, e_{ic}]$,$\boldsymbol{e}_i$ 中的元素从 $\{0, 1\}$ 中任意选取,共有元素数量 c 个。验证服务器 i 将随机数 r_{ri} 和向量 $\boldsymbol{e}_i$ 发送给待验证的车辆,车辆将所有验证服务器的消息汇总为 $m_1 = \langle \mathcal{R}_r, \varepsilon \rangle$,其中 $\mathcal{R}_r = \{r_{\mathrm{r1}}, r_{\mathrm{r2}}, \cdots, r_{\mathrm{rI}}\}$,$\varepsilon = \{\boldsymbol{e}_1, \boldsymbol{e}_2, \cdots, \boldsymbol{e}_I\}$。

第二步,车辆根据验证服务器发来的数据计算零知识证据。首先,车辆生成随机数 $r_v \in \mathbb{Z}_{N_2}^*$,计算 $y = \mathrm{sk} \oplus r_v \oplus r_{\mathrm{ri}}, (i \in [1, I])$。如果 $y \notin \mathbb{Z}_{N_1}^*$,那么重新生成 r_v,直到满足 $y \in \mathbb{Z}_{N_1}^*$。然后,将 r_v 和 y 进行加密,计算公式如下:

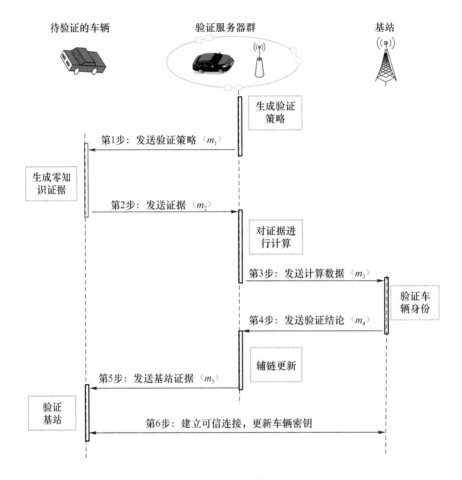

图 10.2　身份验证算法流程

$$U = r_v^2 \bmod N_2 \tag{10.2}$$

$$Y = y^2 \bmod N_1 \tag{10.3}$$

如果不知道 p_1, q_1, p_2, q_2，那么无法解密 Y 和 U。然后，计算哈希值 $K = H(\text{Tag} \| sk)$，并将 K 加密为 x，计算公式如下：

$$x = (K^2 \bmod N_1) \oplus r_v \tag{10.4}$$

针对每个向量 e_i，生成对应的向量 $\boldsymbol{b}_i = [b_{i1}, b_{i2}, \cdots, b_{ic}]$，其中 $b_{i1} = r_v K^{e_{i1}}$，$b_{i2} = r_v K^{e_{i2}}$，…，$b_{ic} = r_v K^{e_{ic}}$。将所有 $\boldsymbol{b}_i (i \in [1, I])$ 汇总为 $\mathcal{B} = \{\boldsymbol{b}_1, \boldsymbol{b}_2, \cdots, \boldsymbol{b}_I\}$。另外，计算 r_v 和 y 的哈希值 $H(r_v)$、$H(y)$。最后，车辆将 $m_2 = \langle U, Y, x, \boldsymbol{b}_i, H(r_v), H(y) \rangle$ 发送给对应的验证服务器。

第三步，验证服务器对车辆身份进行验证。首先，验证服务器对 r_v 进行解密。已知 U、N_2、p_2 和 q_2，求解 r_v，可转化为求解式（10.5）和式（10.6）。

$$r_v^2 \equiv U \bmod p_2 \tag{10.5}$$

$$r_v^2 \equiv U \bmod q_2 \tag{10.6}$$

使用 SM2 椭圆曲线公钥密码算法，可得到 a 和 b 两个解，即 $r_{v1} \equiv a \bmod p_2$ 和 $r_{v1} \equiv$

$b \bmod q_2$。根据中国余数定理可得：

$$r_{v1} = [(a \cdot q_2 q_2^{-1}) \bmod N_2] + [(b \cdot p_2 p_2^{-1}) \bmod N_2] \tag{10.7}$$

同理，$r_{v2} \equiv -a \bmod p_2$ 和 $r_{v2} \equiv b \bmod q_2$ 可解出 r_{v2}，$r_{v3} \equiv a \bmod p_2$ 和 $r_{v3} \equiv -b \bmod q_2$ 可解出 r_{v3}，$r_{v4} \equiv -a \bmod p_2$ 和 $r_{v4} \equiv -b \bmod q_2$ 可解出 r_{v4}。综上，得到 r_v 的 4 个解 $\{r_{v1}, r_{v2}, r_{v3}, r_{v4}\}$，通过比对 $H(r_v)$ 和 4 个解的哈希值，可以从 U 解密出车辆产生的随机数 r_v。

然后，每个验证服务器按照式(10.8)依次计算 $j_{i\alpha}$，其中 $i \in [1, I]$，$\alpha \in [1, c]$。

$$j_{i\alpha} = (b_{i\alpha})^2 \bmod N_1 - r_v^2 (x \oplus r_v)^{e_{i\alpha}} \bmod N_1 \tag{10.8}$$

验证服务器将 $m_3 = \langle j_i, m_1, m_2 \rangle$ 发送给基站，其中 $j_i = [j_{i1}, j_{i2}, \cdots, j_{ic}]$。

第四步，基站对车辆身份进行验证。首先，基站汇总多个验证服务器发来的数据，建立集合 $\mathcal{J} = \{j_1, j_2, \cdots, j_I\}$。如果车辆身份合法且按照交管部门的要求完成了初始化，那么集合 $\mathcal{J}$ 的每个向量 j_i 中的所有元素都应该等于零，否则说明车辆身份不合法。如果集合 $\mathcal{J}$ 符合预期，那么基站将通过 Y、N_1、p_1、q_1 和 $H(y)$ 对 y 进行解密，具体方法与第三步解密 r_v 相同，不再赘述。基站得到 y 后，进一步计算 $\mathrm{sk} = y \oplus r_v \oplus r_{ri}$，$(i \in [1, I])$，然后在主链中检查是否已经存在对应的 sk，若存在，则进一步说明车辆身份合法，否则车辆身份不合法。基站确认车辆身份合法后，将计算 $\gamma_{pro} = \mathrm{Tag} \oplus r_v \oplus y$，并以此作为证据，证明基站身份的合法性。为保证安全性，主链中车辆的私钥将更新为 $\mathrm{sk}' = H(\mathrm{sk} \| r_v \| r_{ri})$，$(i \in [1, I])$。最后，基站将发送 $m_4 = \langle \mathrm{CON}, H(Y_{pro}) \rangle$ 给验证服务器，其中 CON 表示基站对车辆身份合法性判断的结论。

第五步，验证服务器在辅链上记录验证结论。如果 CON 显示车辆身份合法，那么验证服务器将 $m_5 = \langle H(Y_{pro}) \rangle$ 转发至车辆。

第六步，车辆判断基站身份的合法性。车辆计算 $H(\mathrm{Tag} \oplus r_v \oplus y)$，并与 $H(Y_{pro})$ 进行比较，若相等，则说明基站身份合法。在下一次身份验证前，车辆将密钥更新为 $\mathrm{sk}' = H(\mathrm{sk} \| r_v \| r_{ri})$，$i \in [1, I]$。

10.3.2　区块链的应用

本书所述可信接入架构基于区块链技术，主要包括一条主链和若干条辅链。图 10.1 的主链由算力更强的基站进行维护，多个基站共同构建一条交通运输管理的联盟区块链。主链会保存车辆的出厂信息和密钥等，主要由政府交管部门统一管理，从而确保车辆隐私信息的安全。辅链是由基站服务范围内的 RSU 和停泊的车辆进行维护。由文献 [127] 可知，为保证车辆自动驾驶的绝对安全，道路两边将部署更多的冗余算力资源（例如，在 RSU 上搭载算力更强的边缘服务器），车辆本身的算力资源也会冗余。在不影响本地计算任务的前提下,合理地利用冗余算力资源可以节省算力投资。本书利用基站服务范围内的 RSU 和停泊车辆的冗余算力进行分布式身份验证和辅链维护,可以提高验证效率,降低验证成本。

在零信任网络环境下,所有网络节点时刻处于危险之中。无论设备、用户位于何处,在接入前必须进行身份验证和授权。图 10.3 为车辆行驶示意图,车辆在行驶过程中需要不断与外界通信以完成各类车载任务,例如车辆自身任务卸载或帮助基站完成联邦学习的训练。图 10.3 中跨区域车辆即将向右进入下一个基站的服务范围,按照零信任架构要求,与新基站进行通信前车辆必须先进行身份验证。如果此时上一基站部署的车载任务还没有完成,就会因为身份验证而使得任务中断。另外,如果在某个基站服务范围内的每一次通信前都进行身份验证与授权,车载任务也很难满足时延要求,涉及自动驾驶相关的任务时甚至会威胁到乘客的生命安全。

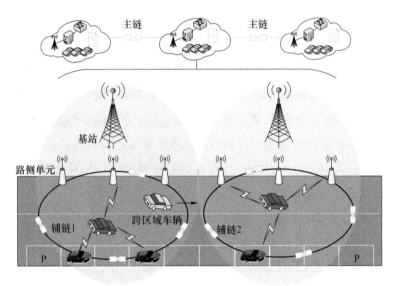

图 10.3　车辆行驶示意图

本书通过设置主链和辅链的方式,避免车载任务中断,提高验证效率。其中,辅链主要负责车辆首次进入基站服务范围内的身份验证和授权,并记录车辆通过验证的时间。当车辆与边缘服务器在基站服务范围内进行第二次交互时,辅链根据上一次验证通过的时间决定是否需要再次验证,若时间间隔大于预设定的阈值,则再进行一次身份验证与授权。主链记录了车辆的隐私信息,当需要验证车辆身份时,以哈希值的形式提供给辅链。另外,当车辆跨基站移动时(如图 10.3 中的跨区域车辆),基站可以从主链中查询验证记录来暂缓验证,从而确保车载任务的连续性。主链和辅链之间可以通过有线连接进行通信,辅链上需要记录的信息相对较少,共识节点数量也较小,可以满足车载任务低时延的需求。

主链由基站群维护,保存的信息包括车辆密钥 sk 和 sk′,车辆标签 Tag,公共参数 N_1 和 N_2 以及它们的质因数。在验证过程中主链还需要保存验证结果 CON 和验证时间 t。另外,车辆和基站不需要通信一次就验证一次,主链将保存可容忍的验证时间间隔 t_{gap},若超过该时间,则需要重新认证。主链区块结构如图 10.4(a)所示。辅链由边缘算力进行维护,保存的信息主要包括已验证过的车辆伪标签 tag,验证时间 t,可容忍的验证时间间隔 t_{gap},公共参数 N_1、N_2、p_2、q_2。辅链区块结构如图 10.4(b)所示。

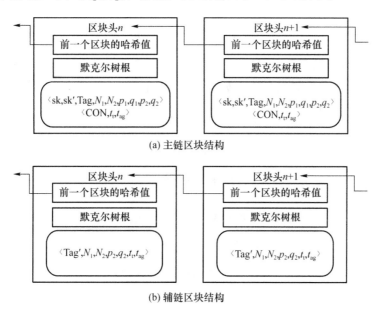

图 10.4　区块结构

10.3.3　冗余边缘算力优化方法

本书将基站服务范围内的路侧单元和停泊的车辆统称为边缘算力,这些边缘算力具有异构的计算能力、可信度和参与意愿。基站需要给出合理的报酬,从而激励边缘算力帮助基站完成车辆验证任务。相比于固定在路边的路侧单元,停泊的车辆随时可能会离开基站范围,如果贸然将验证任务部署给停泊的车辆,就有可能导致验证中断。另外,停泊车辆为保证自身隐私安全,不会将自己的行程计划暴露给基站,这就导致基站和停泊车辆之间存在信息不对称。

为了解决上述问题,基站首先设置若干份工作合同$\langle \pi, f \rangle$,其中 f 表示计算频率,π 表示报酬。π 是关于 f 的递增函数,以确保随着算力增加报酬也会相应地增加。参考文献[128],基站可以基于历史交互数据对边缘算力的可信度进行评估,将边缘算力 i 的可信度设为 S_i。另外,根据文献[129]和文献[130],基站可以通过历史数据计算出边缘算

力 i 停留时间小于阈值 $t_{threshold}$ 的概率 P_i，若边缘算力停留时间小于预先设定的阈值，则不适合选为验证服务器。结合可信度和停留时间概率，边缘算力的类型可按照式(10.9)计算得到：

$$\theta_i = \frac{S_i}{P_i} \tag{10.9}$$

对于边缘算力 i，按照基站给出的工作合同 $\langle \pi_i, w_i \rangle$ 可得到的效用函数如式(10.10)所示：

$$U_E(i) = \theta_i \pi_i - \lambda \varepsilon_i f_i^2 W \tag{10.10}$$

其中，λ 为单位工作量的成本，ε_i 为能量系数，W 为工作量。

基站雇佣边缘算力 i 的效用函数如式(10.11)所示：

$$U_{BS}(i) = \mu_i \left(T - \frac{W}{f_i} \right) - \pi_i \tag{10.11}$$

其中，μ_i 为节省的验证时间对于基站的增益系数。

为了让基站的效益达到最大，本书将需要优化的数学模型表示如下：

$$\max_{(\pi, f)} \sum_{i=1}^{I} \eta_i \left[\mu_i \left(T - \frac{W}{f_i} \right) - \pi_i \right]$$

$$\text{s.t.} \quad \text{(a)} \ \theta_i \pi_i - \lambda \varepsilon_i f_i^2 W \geq 0$$

$$\text{(b)} \ \theta_i \pi_i - \lambda \varepsilon_i f_i^2 W \geq \theta_j \pi_i - \lambda \varepsilon_i f_i^2 W$$

$$\text{(c)} \ 0 \leq \pi_{\theta_1} \leq \cdots \leq \pi_{\theta_i} \leq \cdots \leq \pi_{\theta_N} \tag{10.12}$$

其中，$i, j \in \{1, 2, \cdots, N\}$，$i \neq j$，$N \leq I$。$\eta_i$ 为基站选择边缘算力 i 的概率，且 $\sum_{i=1}^{I} \eta_i = 1$。

在问题(10.12)中，条件(10.12a)表示任意边缘算力 i 的效用函数应该大于或等于零，否则边缘算力将不参加基站设计的激励机制。条件(10.12b)表示边缘算力 i 的合同不适用于边缘算力 j，优化要达到激励相容的效果。条件(10.12c)表示边缘算力的可信度越强，停留时间越长，可获得的回报越高。

根据文献[129]，可将问题(10.12)中的条件(10.12a)和条件(10.12b)进行简化：

$$\max_{(\pi, f)} \sum_{i=1}^{I} \eta_i \left[\mu_i \left(T - \frac{W}{f_i} \right) - \pi_i \right]$$

$$\text{s.t.} \quad \text{(a)} \ \theta_1 \pi_1 - \lambda \varepsilon_1 f_1^2 W \geq 0$$

$$\text{(b)} \ \theta_i \pi_i - \lambda \varepsilon_i f_i^2 W = \theta_i \pi_{i-1} - \lambda \varepsilon_{i-1} f_{i-1}^2 W$$

$$\text{(c)} \ 0 \leq \pi_{\theta_1} \leq \cdots \leq \pi_{\theta_i} \leq \cdots \leq \pi_{\theta_N} \tag{10.13}$$

其中，$i \in \{1, \cdots, N\}$。

为了求解问题(10.13)，可以在满足(10.13a)、(10.13b)的情况下，先通过拉格朗日乘子法进行计算，再将结果代入条件(10.13c)进行验证，从而得到最优的激励方案。

10.3.4　实验评估

本章通过实验说明所述验证算法和激励机制的性能。将 ε 设置为 5×10^{-26}，基站的计算频率 f 设置为 3.0×10^{9} Hz，验证任务的工作量 $W = 10^{9}$ cycles，单位工作量成本 $\lambda = 1$，基站增益系数 $\mu_i = 1$。用于仿真实验的设备性能为 Intel(R)Core(TM)i7.10750H CPU@2.60 GHz，内存为 16 GB。

图 10.5 为验证算法性能测试结果。图 10.5(a)的横坐标为 N_2 的数量级，纵坐标为验证时间(包含初始化时间与验证时间，下同)，可以发现随着 N_2 增大，验证时间也会增加，这是因为车辆使用 N_2 对 r_v 进行加密以及边缘算力对 r_v 进行解密时，N_2 越大，求解二次剩余的时间就会越长，从而增加了验证时间。图 10.5(b)的横坐标为 N_1 的数量级，纵坐标为验证时间，可以发现 N_1 的大小同样影响验证时长，这是因为基站会使用 N_1 解密车辆密钥 sk，解密同样需要计算二次剩余，并将 N_1 设为模数。图 10.5(c)的横坐标为 r_n 和 r_v 的数量级，纵坐标为验证时间，N_1 和 N_2 的数量级都设置为 10^7，可以发现 r_n 和 r_v 的数量级对验证时间影响不大，这是因为它们主要进行求余计算，相比二次剩余，计算复杂度更低。图 10.5(d)的横坐标表示验证车辆的台数，纵坐标表示基站的能耗，使用 $\varepsilon f^2 W$ 计算得到。对比方案使用了集中式验证算法，所有的验证计算需要由基站完成[131]，本书提出的验证算法将一部分计算任务分配给边缘算力，使得基站工作量减少，因此可以使用更少的算力，消耗更低的能耗，达到车辆身份验证的时延要求。

图 10.6 为激励机制优化效果。图 10.6(a)的横坐标为边缘算力的类型，用整数 1.8 进行标号表示，纵坐标为边缘算力的效用值。以边缘算力 1、4 和 7 为例，可以发现所述激励模型可以找到边缘算力效用的最大值，这满足了激励相容的条件，且类型 1 的效用最小。图 10.6(b)将二种不同的激励模型进行对比，其中横坐标为边缘算力类型，纵坐标为基站的效用。本书算法为在信息不对称下的激励模型，即基站不知道边缘算力的停留时间和冗余算力。用信息对称算法和线性算法与本书所述算法进行对比，其中信息对称指基站知道边缘算力的相关隐私信息。线性算法指基站固定一种激励方案，不按照边缘算力的类型进行激励优化。实验结果显示，边缘算力的类型越高(即意愿度越大)，基站效用越高。线性算法相较于另外两种算法，其基站效用最低。由于信息对称算法牺牲了边缘算力的隐私安全，其基站效用高于本书算法，但是不利于边缘算力的网络安全。

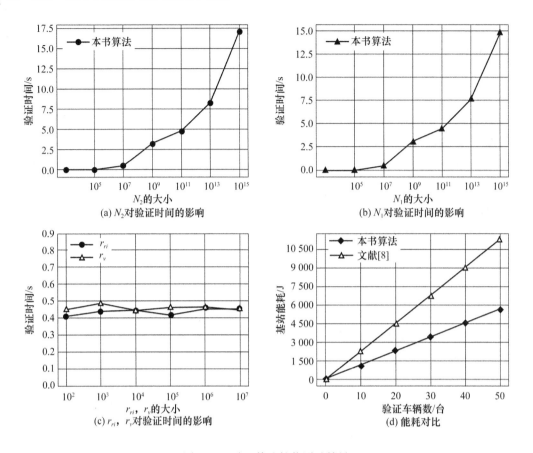

图 10.5　验证算法性能测试结果

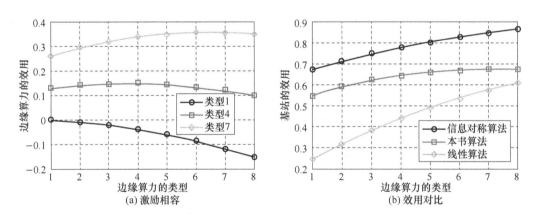

图 10.6　激励机制优化效果

本 章 小 结

　　本章首先对零知识证明进行概述,然后面向 6G 零信任车联网提出一种可信接入方法与安全架构,从而解决了零信任网络环境下的车辆验证与授权问题。车辆和基站之间通过计算身份密钥的二次剩余和哈希值得到身份证据,通过交换证据与验算决定是否通过身份验证。基站为降低验证能耗和提升验证效率,建立了基于契约理论的路侧冗余算力激励机制,基站在信息不对称的情况下邀 RSU 和停泊的车辆参与车辆身份验证并给予报酬。另外,为提升验证策略跨域性能和避免车载任务因为身份验证而中断,使用主链和辅链相结合的双层区块链搭建车辆与基站之间的信任桥梁。

第 5 部分
数据价值驱动的可信可靠智能

第 11 章
数据价值评估概述

11.1 信息熵的概述

熵的概念是德国物理学家克劳修斯(Clausius)于 1865 年在热力学中提出的,用于表示物质热状态的概率,其数学含义是状态或所讨论问题的不确定性。1948 年克劳德·艾尔伍德·香农(Claude Elwood Shannon)将热力学的熵引入信息论,用其表示信息系统中不确定性的度量。具体而言,随机变量在随机实验之前以概率分布的形式被实验主体了解,在随机实验之后变为确切的数值。主体通过随机实验的方式获得的信息量与随机变量的熵是相等的。在这个意义上,可以用熵度量信息的不确定程度。信息熵包含多种形式,如熵(平均自信息)、联合熵、条件熵、互信息等。

11.1.1 熵(平均自信息)

熵是接收的每条消息中包含的信息的平均量,又被称为信息熵、信源熵、平均自信息[132]。熵按照随机变量的不同形式分为离散信息熵和连续信息熵,参考文献[133]和文献[134],阐述其定义和对应的性质。

在随机实验之前,离散随机变量 X 的概率分布场定义为 $\begin{pmatrix} X \\ P \end{pmatrix} = \begin{pmatrix} x_1 & x_2 & \cdots \\ P(x_1) & P(x_2) & \cdots \end{pmatrix}$。在随机实验后,其实验结果变为确切值,表示为 x_i。通过随机实验获得的信息量表示为:

$$I(x_i) = \lg \frac{1}{P(x_i)} \tag{11.1}$$

也就是说,其信息量与随机实验结果的概率的对数值之和等于 0。在随机实验后,出现的实验结果值 x_i 的概率表示为 $P(x_i)$,对应状态的自信息量为 $P(x_i)I(x_i)$。未出现的实验结果值的概率和对应状态的自信息量都是 0。然后,计算出所有离散状态的自信息量的均值,该均值称为离散信息熵,其表达式如下:

$$H_D(X) = \sum_i P(x_i)I(x_i) = -\sum_i P(x_i)\lg P(x_i) \tag{11.2}$$

参考文献[133]和文献[134],离散信息熵主要具有以下特性。

性质 1(对称性)　随机变量的熵函数的值与随机变量的取值 $x_1, x_2, \cdots, x_N$ 的前后顺序无关。

性质 2(确定性)　如果某一分量 $P(x_i)=1$,那么其余分量 $P(x_j)=0$,且 $j \neq i$,有 $H_D(1,0)=H_D(1,0,0)=H_D(1,0,0,0)=\cdots=H_D(1,0,\cdots,0)=0$。

性质 3(非负性)　信源熵的值大于或等于 0。

性质 4(可加性)　当随机变量 X 和 Y 相互独立时,各边缘信息熵之和表示为随机变量 X 和 Y 的联合信源的信息熵。

性质 5(极值性)　在离散信源情况下,信源各个符号等概率分布时,熵值达到最大。

在处理实际问题的过程中,经常需要计算连续信息熵。但是采用离散信息熵的概念推导出来的连续信息熵趋于无穷,导致其失去了意义。为了解决上述问题,香农定义连续信息熵的概念时,引入了概率密度函数 $P(x)$。原因在于连续随机变量在任意点上的概率为 0。这里,$P(x)$ 表示变量取值小于 x 的概率,即 $P(x) = \int_{-\infty}^{x} p(t)dt$。当随机变量 X 的取值 a 和 b 无限接近时,在 $[a,b]$ 区间内的概率 $\int_a^b p(x)dx$ 可以近似表示为 $\Delta x \cdot p(x) = |b-a|p(a)$。对连续随机变量取值范围内每个划分区间的概率倒数的对数值求平均值:

$$H_{\Delta x}(X) = -\sum_i \Delta x \cdot p(x_i)\lg(\Delta x \cdot p(x_i)) \tag{11.3}$$

当划分区间的长度 Δx 趋向于零时,

$$\lim_{\Delta x \to 0} H_{\Delta x}(X) = \int_{-\infty}^{+\infty} p(x)\lg p(x) - \lim_{\Delta x \to 0}\Delta x \tag{11.4}$$

趋于无穷大,也就失去了意义。所以,香农丢掉式(11.4)的第二项(即无穷项 $\lim_{\Delta x \to 0}\lg \Delta x$),采用式(11.4)的第一项作为微分熵,定义如下:

$$H_s(X) = \int_{-\infty}^{+\infty} p(x)\lg p(x)dx \tag{11.5}$$

因为微分熵丢掉了无穷大项,仅仅保留了有限值项,所以离散信息熵和微分熵在概念上是不同的。虽然微分熵在形式上是离散信息熵的拓展,但是微分熵的特性与离散信息熵的特性是不完全相同的。微分熵的主要性质如下。

性质 1（可加性） $H_S(XY) = H_S(X) + H_S(Y|X) = H_S(Y) + H_S(X|Y)$。联合信息熵和边缘信息熵满足不等式 $H_S(XY) \leqslant H_S(X) + H_S(Y)$，等号成立的条件是 X 与 Y 统计相互独立。

性质 2（凸性和极值性） 微分熵 $H_S(X)$ 是输入概率密度函数 $p(x)$ 的上凸函数。因此，对于某一概率密度函数，可以得到微分熵的最大值。

性质 3（微分熵值可为负） 在一些情况下，微分熵允许负值存在。

11.1.2 联合熵

联合熵是单个随机变量的信息熵对多维概率分布的推广，它描述了一组随机变量的不确定性。以两个随机变量为例，首先分析离散随机变量的情况，然后再拓展到连续随机变量的情况。

对于离散随机变量，随机实验之后可能的离散取值为 $(a_k, b_j), k=1,2,\cdots,K, j=1,2,\cdots,J$，对应的联合概率分布为 $(P(a_k, b_j))_{\substack{k=1,2,\cdots,K \\ j=1,2,\cdots,J}}$，因此，其对应的联合信息熵如下：

$$H_D(XY) = -\sum_{k=1}^{K}\sum_{j=1}^{J} P(a_k, b_j)\lg P(a_k, b_j) \tag{11.6}$$

为了将联合信息熵从两个离散随机变量的情况推广到两个连续随机变量的情况，首先定义两个连续随机变量 X 和 Y 的联合概率密度函数为 $p(xy)$，得到其联合信息熵如下：

$$H_S(XY) = -\int_{-\infty}^{\infty}\int_{-\infty}^{\infty} p(xy)\lg p(xy)\mathrm{d}x\mathrm{d}y \tag{11.7}$$

然后，其联合信息熵为：

$$H_S = -\int_{\mathbb{R}^n} p(x)\ln p(x)\mathrm{d}x \tag{11.8}$$

其中，$p(x)$ 是联合概率密度函数。

11.1.3 条件熵

对于条件熵，也是以两个随机变量为例，先分析离散随机变量的情况，然后再拓展到连续随机变量的情况。最后，以两个离散随机变量的情况解释说明联合信息熵、条件熵和无条件熵（信息熵）之间的关系。

首先定义离散随机变量之间的条件熵：

$$H_D(Y|X) = -\sum_{k=1}^{K}\sum_{j=1}^{J} P(a_k, b_j)\lg P(b_j|a_k) = \sum_{k=1}^{K} P(a_k) H_D(Y|a_k) \tag{11.9}$$

$$H_D(Y|X) = -\sum_{k=1}^{K}\sum_{j=1}^{J}P(a_k,b_j)\lg P(a_k|b_j) = \sum_{k=1}^{K}P(b_j)H_D(X|b_j) \quad (11.10)$$

将条件熵从两个离散随机变量的情况拓展到两个连续随机变量的情况有

$$H_S(Y \mid X) = -\int_{-\infty}^{\infty}\int_{-\infty}^{\infty}p(xy)\lg p(y|x)\mathrm{d}x\mathrm{d}y \quad (11.11)$$

$$H_S(X \mid Y) = -\int_{-\infty}^{\infty}\int_{-\infty}^{\infty}p(xy)\lg p(x|y)\mathrm{d}x\mathrm{d}y \quad (11.12)$$

11.1.4　互信息

互信息是度量它们之间统计依赖或依存的关系。本书以两个随机变量的情况[135]进行解释说明。

考虑两个离散随机变量 X 和 Y，当 Y 的取值确定时，X 的绝对熵 $H(X)$ 大于条件熵 $H(X|Y)$。因此，X 关于 Y 的互信息定义如下：

$$I(X;Y) = H(X) - H(X|Y) \quad (11.13)$$

同理，Y 关于 X 的互信息定义如下：

$$I(Y;X) = H(Y) - H(Y|X) \quad (11.14)$$

互信息的重要性仅次于信息熵，是随机变量 X 和 Y 之间相互提供的信息量。互信息与概率分布间的关系为：

$$I(X;Y) = -\sum_{k=1}^{K}\sum_{j=1}^{J}P(a_k,b_j)\lg\frac{P(a_k,b_j)}{P(a_k)P(b_j)} \quad (11.15)$$

将互信息从两个离散随机变量的情况拓展到两个连续随机变量的情况有：

$$I(X;Y) = -\int_{-\infty}^{\infty}\int_{-\infty}^{\infty}p(xy)\frac{P(xy)}{P(x)P(y)}\mathrm{d}x\mathrm{d}y \quad (11.16)$$

所以

$$I(X;Y) = H(X) + H(Y) - H(XY) \quad (11.17)$$

其满足如下不等式：

$$0 \leqslant I(X;Y) \leqslant \min(H(X),H(Y)) \quad (11.18)$$

当两个随机变量统计相互独立时，其互信息变为 0，即 $I(X;Y)=0$。当 X 可以唯一确定 Y 时，有 $H(Y|X)=0$，故 $I(X;Y)=H(Y)$；当 Y 可以唯一确定 X 时，有 $H(X|Y)=0$，故 $I(X;Y)=H(X)$。因此，互信息 $I(X;Y)$ 能够度量随机变量 X 和 Y 之间统计依赖或依存的程度。

两个随机变量的信息熵 $H(X)$ 或 $H(Y)$、联合熵 $H(X,Y)$、条件熵 $H(X|Y)$ 或 $H(Y|X)$、互信息 $I(X;Y)$ 之间的关系如图 11.1 所示。

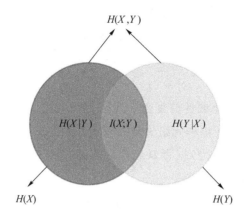

图 11.1 信息熵、联合熵、条件熵、互信息之间的关系[135]

11.2 面向数据价值的信息熵评估方法

不同的应用产生的数据类型是丰富多样的,数据类型主要有表格数据、HTML 网页文件、XML 文件、文本数据、图(社交网络)数据、多媒体数据(音频/视频/图像)[136]。这些数据按照其技术特征主要划分为结构化数据、非结构化数据和半结构化数据三种类型[136]。虽然数据使用者能够利用矩阵化的数据进行数据特征提取等业务,但是挖掘数据中包含的数据价值是一个巨大的挑战。为了解决这一挑战,首要的任务是要探究清楚数据里包含了多少信息量。因此,寻找一个能够精确地度量数据中包含的信息量的方法是首要任务或目标。然后,将量化后的数据信息量映射到一个合理的数据价值范围内[137]。

11.2.1 信息熵评估方法

为了测量数据的价值,参考文献[137],首先引入元组和元组集合的概念去定义数据集合,然后利用信息熵的相关理论量化数据价值。

将数据集 D 矩阵化为一个 $n \times m$ 的矩阵 X,其中 n 表示数据记录的数量,m 表示数据属性的个数。数据矩阵 X 记为:

$$X = \begin{pmatrix} x_{11} & \cdots & x_{1m} \\ \vdots & & \vdots \\ x_{n1} & \cdots & x_{nm} \end{pmatrix} \tag{11.19}$$

为了简化表述,采用行向量 r_i 表示原数据集中的某一条记录,记为:

$$r_i = (x_{i1}, x_{i2}, \cdots, x_{im}) \tag{11.20}$$

其中,$i=1,\cdots,n$。因此,一组记录的集合 $\boldsymbol{R}$ 表示为$\{\boldsymbol{r}_{i_1},\boldsymbol{r}_{i_2},\cdots,\boldsymbol{r}_{i_k}\}$,其中 $\boldsymbol{r}_i$ 的每个元素可以是文字、日期等不同类型的值。同理,也可以采用列向量 $\boldsymbol{c}_j^T$ 来表示原数据集中的某一列属性,记为:

$$\boldsymbol{c}_j^T=(x_{1j},x_{2j},\cdots,x_{nj}) \tag{11.21}$$

其中,$j=1,\cdots,m$。所以,一组属性的集合 $\boldsymbol{C}$ 表示为$\{\boldsymbol{c}_{j_1},\boldsymbol{c}_{j_2},\cdots,\boldsymbol{c}_{j_k}\}$,其中 $\boldsymbol{c}_j$ 的元素必须是同类型的值。然后,引入元组和元组集合的概念,如下。

定义 11.1(元组) 在一个数据集 $\boldsymbol{D}$ 给定的前提下,$\boldsymbol{D}$ 中一条记录 $\boldsymbol{r}$ 被定义为元组 $\boldsymbol{t}$,且元组是非空子集,即 $t\in r$ 且 $t\neq\phi$。

定义 11.2(元组集合) 一系列元组$\{t_{i_1},t_{i_2},\cdots,t_{i_k}\}$构成元组集合 Tup,且 Tup 是数据集 $\boldsymbol{D}$ 的非空子集,即 Tup$\in\boldsymbol{D}$ 且 Tup$\neq\phi$。

值得注意的是,对于定义 11.2,数据集本身和其子集都属于元组集合 Tup。基于最小单位的元组集合,引入信息熵、联合熵、数据条件熵和互信息四个信息熵测量指标。因为信息熵概述小结已经对信息熵、联合熵、数据条件熵和互信息的概念和性质进行了解释和说明,所以这里仅给出数据信息量的测量指标的定义,如下。

定义 11.3(数据信息熵) 如果一个元组集合 Tup 包括 n 条元组$\{t_i=i=1,\cdots,n\}$,那么其数据信息熵 H_{ind}定义为:

$$H_{\text{ind}}(\text{Tup})=-\sum_{t_i\in\text{Tup}}p(t_i)\lg_b p(t_i) \tag{11.22}$$

定义 11.4(数据联合熵) 如果元组集合 Tup$_1$ 和元组集合 Tup$_2$ 分别包括 n_1 条元组和 n_2 条元组,那么其数据联合熵 H_{joint} 定义为:

$$H_{\text{joint}}(\text{Tup}_1,\text{Tup}_2)=-\sum_{t_i\in\text{Tup}_1}\sum_{t_j\in\text{Tup}_2}p(t_i,t_j)\lg_b p(t_i,t_j) \tag{11.23}$$

定义 11.5(数据条件熵) 如果元组集合 Tup$_1$ 和元组集合 Tup$_2$ 分别包括 n_1 条元组和 n_2 条元组,那么在已知 Tup$_1$ 的条件下 Tup$_2$ 的信息熵被定义为:

$$H_{\text{cond}}(\text{Tup}_2|\text{Tup}_1)=-\sum_{t_i\in\text{Tup}_1}\sum_{t_j\in\text{Tup}_2}p(t_i,t_j)\lg_b p(t_j|t_i) \tag{11.24}$$

定义 11.6(数据互信息) 如果元组集合 Tup$_1$ 和元组集合 Tup$_2$ 分别包括 n_1 条元组和 n_2 条元组,那么其数据互信息 I 定义为:

$$I(\text{Tup}_1;\text{Tup}_2)=-\sum_{t_i\in\text{Tup}_1}\sum_{t_j\in\text{Tup}_2}p(t_i,t_j)\lg_b\frac{p(t_i,t_j)}{p(t_i)p(t_j)} \tag{11.25}$$

参考文献[134]和文献[135],可以将上述测量指标从两个数据元组集合的情况扩展到多个元组集合的情况。由于篇幅有限,这里不再赘述。

对于一个数据元组集合,我们可以用信息熵来量化其价值。对于两个数据元组集合,我们可以用联合熵、数据条件熵和互信息来量化它们之间的关系。此外,学者们也提出了 f-散度和 Wasserstein 距离与其量化之间的关系[134,135]。接下来,我们重点介绍 f-散度和 Wasserstein 距离。

11.2.2　f-散度评估方法

在概率统计中,f-散度是一个函数,这个函数用来衡量两个概率密度 P 和 Q 的区别,也就是衡量这两个分布的相同之处或者不同之处。P 和 Q 之间的 f-散度可以用如下方程表示:

$$D_F(P\|Q) = \int P(x)f\left(\frac{P(x)}{Q(x)}\right)\mathrm{d}x \tag{11.26}$$

其中,函数 $f(x)$ 需要满足以下两个性质:

- $f(x)$ 是一个凸函数;
- $f(1)=0$。

$f(x)$ 取不同的值,可以退化不同的散度。表 11.1 给出了 f-散度的一些特例[138,139]。

表 11.1　f-散度的特例

距离名称	计算公式	对应的 $f(t)$
总变差	$\frac{1}{2}\int |p(x)-q(x)|\mathrm{d}x$	$|t-1|$
Kullback-Leibler 散度	$\int p(x)\lg\frac{p(x)}{q(x)}\mathrm{d}x$	$t\lg t$
逆 KL 散度	$\int q(x)\lg\frac{q(x)}{p(x)}\mathrm{d}x$	$-\lg t$
Hellinger 距离	$\int(\sqrt{p(x)}-\sqrt{q(x)})^2\mathrm{d}x$	$(\sqrt{t}-1)^2$
Jeffrey 距离	$\int\left((p(x)-q(x))\lg\frac{p(x)}{q(x)}\right)\mathrm{d}x$	$(t-1)\lg t$
Jensen-Shannon 散度	$\frac{1}{2}\int p(x)\lg\frac{2p(x)}{p(x)+q(x)}+q(x)\lg\frac{2q(x)}{p(x)+q(x)}\mathrm{d}x$	$-(t+1)\lg\frac{1+t}{2}+t\lg t$

f-散度常用的有 Kullback-Leibler(KL)散度和 Jensen-Shannon(JS)散度。接下来,我们重点介绍 KL 散度和 JS 散度。

KL 散度用于度量两个概率分布之间差异的程度,KL 散度还有其他的命名,如相对熵或信息散度。在信息论中,对于两个概率分布 P 和 Q,对于离散变量 x,KL 散度的计算公式如下:

$$D_{\mathrm{KL}}(P\|Q) = \sum P(x)\lg\frac{P(x)}{Q(x)} \tag{11.27}$$

对于连续变量 x,KL 散度的计算公式如下:

$$D_{KL}(P \| Q) = \int P(x) \lg \frac{P(x)}{Q(x)} \tag{11.28}$$

KL 散度具有非负性和不对称性。①非负性：$D_{KL}(P \| Q) \geqslant 0$ 或 $D_{KL}(Q \| P) \geqslant 0$，$D_{KL} = 0$ 表示两个随机变量的概率分布相同；D_{KL} 越大，表示它们之间的概率分布差异越大。②不对称性：即 $D_{KL}(P \| Q) \neq D_{KL}(Q \| P)$，也就是说，$P$ 相对于 Q 的 KL 散度与 Q 相对于 P 的 KL 散度是不相同的。值得注意的是，当 P 和 Q 概率分布相等时，我们有 $D_{KL}(P \| Q) = 0$ 和 $D_{KL}(Q \| P) = \infty$。所以，当采用 KL 散度衡量两个概率分布差异时，基准概率分布的选择是极其重要的。

为了解决 KL 散度不对称性的问题，对其进行改进，最终得到具有对称性的 JS 散度。JS 散度的定义如下：

$$D_{JS}(P \| Q) = \frac{1}{2} D_{KL}\left(P \left\| \frac{P+Q}{2}\right.\right) + \frac{1}{2} D_{KL}\left(Q \left\| \frac{P+Q}{2}\right.\right) \tag{11.29}$$

JS 散度具有非负性、对称性和有界性三个特点。①非负性：即 $D_{JS} \geqslant 0$。②对称性：即 $D_{JS}(P \| Q) = D_{JS}(Q \| P)$，$P$ 相对于 Q 的 JS 散度与 Q 相对于 P 的 JS 散度是相同的。③有界性：D_{JS} 的上、下界分别是 1 和 0。

如果两个分布 P 和 Q 离得很远，完全没有重叠，那么 KL 散度值是没有意义的，而 JS 散度值是一个常数。P 和 Q 之间的距离无法进一步被度量。为了解决上述问题，学术界引入 Wasserstein 距离进行度量。

11.2.3　Wasserstein 距离评估方法

Wasserstein 距离作为一种度量两个概率分布之间距离的方法在最优传输理论中被广泛使用[140]。其含义是将一个概率分布转换为另一个概率分布所需要花费的代价。为了引入 Wasserstein 距离，先分别定义随机变量 X 的概率分布、随机变量 Y 的概率分布、任意一个可度量的代价函数以及两个随机变量的联合概率分布的集合为 P_X、P_Y、$c(X, Y)$ 和 $\prod(X \sim P_X, Y \sim P_Y)$。由此，Wasserstein 距离定义如下：

$$W_c(P_X, P_Y) := \inf_{\gamma \in \prod(X \sim P_X, Y \sim P_Y)} \mathbb{E}_{(X,Y) \sim \gamma}[c(X, Y)] \tag{11.30}$$

如果 $c(X, Y)$ 是 p 阶函数，那么 W_c 称为 p 阶 Wasserstein 距离。

如果 $c(X, Y)$ 是一阶函数（即 $p = 1$）同时随机变量是离散的，文献[141]和文献[142]将 Wasserstein 距离定义为推土距离（Earth Mover Distance，EMD）。

为了直观地解释推土距离，本书借鉴文献[142]的描述，将不同的概率分布想象为具有固定体量的不同形状的土堆，推土距离表示将一个土堆转换为另一个土堆形状消耗的最小工作量，即移动土量乘以其对应移动的距离。EMD 是从众多推土移动的方式中寻找到一个能够以最小的工作量完成推土的传输方式。因此，EMD 的计算公式如下：

$$W_c(P_X, P_Y) := \inf_{\gamma \in \Pi(P_X, P_Y)} \sum_{x,y} \left| \left| x - y \right| \right| \gamma(x, y) = \inf_{\gamma \in \Pi(P_X, P_Y)} \mathbb{E}_{(x,y) \sim \gamma} \left[\left\| x - y \right\| \right]$$

$$(11.31)$$

当两个概率分布之间距离很远时,也就是说两个概率分布几乎没有重叠,KL 散度值是没有意义的,而 JS 散度值是一个常数,但是 Wasserstein 距离依然能够计算出反映两者实际距离的确定值。

11.3　信誉值的概述

11.3.1　信誉值的定义

未来 6G 的目标是建立一个可信可靠的通信网络,为未来数字化社会的安全发展提供坚实的基座。6G 将更加注重保护个体的数据安全性和隐私安全性。然而,未来 6G 网络中将会有海量的异构物联网设备接入。海量的互联设备是未知而无法被认定是可信的。同时,网络运营商也无法确保它们在网络中会遵守规则。为了保障 6G 应用场景的可靠性和安全性,在网络中建立信誉值机制是一项解决网络安全问题的重要措施,可以提升通信网络的可靠性,保护用户的隐私安全。

目前,无线通信网络中使用的大多数信誉系统根据信任和信誉的基本特征来实现计算信任模型[143]。具体来说,在 6G 通信技术中,信誉值可以被看作是一个网络节点在通信网络中的可信程度,用于衡量其在网络中的可信度和可靠性。6G 网络中的信誉值会考虑个体多元的因素来分析和评估,包括个体的交易行为、身份验证、社交行为以及其他个体的评价等。一方面,对网络运营商来说,信誉值机制可以帮助网络运营商全面监控网络中个体的行为,并制定相关的行为准则和协议激励网络个体保持优良的行为习惯,以维护网络的可靠性和安全性。信誉值机制可以快速识别个体的恶意攻击行为,并及时剔除掉恶意节点以保障网络的安全。另一方面,对网络中的个体来说,信誉机制可作为一种可信度凭证,可帮助网络中的海量设备更好地相互了解,保护自身避免恶意攻击和欺诈行为所造成的损失。个体为了提高其在网络中的信誉,会遵守规则和协议,使其更容易获得其他个体的信任。这对于推动网络的发展和应用具有重要的意义。

未来 6G 的网络架构会更加复杂和多元化,6G 将融合各种新的技术和应用场景,如智慧医疗、智能交通、自动驾驶、虚拟现实等。为了在这样的复杂环境下提供可信可靠的服务,信誉值机制可以辅助网络运营商分析、评估网络节点的可信度和规范节点的行为,以避免恶意攻击和隐私泄露等安全问题。信誉值机制在网络中有多种应用场景。

（1）边缘智能的应用和管理

以联邦学习为例,信誉值机制可以避免恶意节点的数据污染攻击。通过分析节点的历史参与训练的记录,并赋予节点信誉值。系统在训练前可以挑选信誉值高的节点参与联邦学习训练。这样可以促进全局模型的快速收敛和精度提升,提高联邦学习的可靠性和效率。

（2）网络安全和攻击防御

网络中的节点可能会遭受各种网络攻击和隐私泄露的威胁。因此,通过信誉值机制的评估,系统可以加强对节点加入网络的身份验证和权限管理,防止失信节点接入网络,限制低信誉节点的权限,保护网络整体的安全和隐私。另外,信誉值机制可以识别恶意节点的行为,并及时剔除出网络,避免它们侵害数据的隐私和网络的安全。

（3）资源分配和管理

网络中有海量的物联网节点,然而网络的带宽、计算和存储资源是有限的。因此,为了提升网络资源的利用率和通信服务的可靠性,需要进行动态资源分配和管理。信誉值机制可以用于评估节点的可信度和信用评级,从而帮助网络运营商根据节点的信誉值来分配和管理资源,以保障网络的资源利用效率和服务的可靠性。

11.3.2　信誉值的类型

信誉值评价机制可以通过对 6G 网络中各种实体的信誉进行评估和管理,提高网络的可靠性和安全性。例如,通过对网络中的设备、服务和用户等实体的信誉进行评估,可以识别和阻止恶意攻击和欺诈行为,保障网络的稳定和安全。信誉值的类型可以按照不同的分类标准进行划分,一般可以分成基于个体的信誉评价机制和基于系统的信誉评价机制[143]。

（1）基于个体的信誉评价机制

在分布式的点对点通信网络中,通常没有一个可信的权威节点。可信度评价需要结合基于个体的直接观察的意见和基于间接的推断意见。基于直接观察的信誉评价是指观察节点根据受评估节点的历史行为直接进行评估,如节点的数据传输速率、延迟和可靠性等指标。基于间接推断的推断意见则是通过收集其他观察节点对受评估节点的评价意见。可信度的判断需要综合考虑直接观察意见和间接的推断的意见后才能得出最终的信誉值评价。

（2）基于系统的信誉评价机制

基于系统的信誉评价网络中拥有集中式的可信权威节点。该可信权威节点可以根据网络中节点的历史行为给出信誉评价。不仅如此,可信权威节点还可以制定相关的规则、合约和协议来规范网络节点的行为,包括可以提升信誉值的合理行为和降低信誉值的不合理行为。系统通过这种机制可以监控、剔除系统中的恶意节点,鼓励善意节点继续保持良好的行为。相对于基于个体的信誉评价机制,基于系统的信誉评价机制更加注重对系统整体的安全性和风险进行监控和评估。除了制定奖惩规则,基于系统的信誉评价机制还会收集、分析和评估节点的历史行为数据,通过机器学习等人工智能的方法对系统内的节点进行信誉评估、预测,从而推断个体未来可能存在的风险。

11.3.3　信任交互决策

信任交互决策是指在个体之间或系统与个体交互过程中,当其中个体或系统需要判断其他个体是否可信时,基于自身安全需求的策略来评估个体的可信度,从而做出最终决策的过程。这种决策通常会受到主观和客观因素的影响,例如自身风险的偏好、安全需求、历史交互记录、社交信誉等。在制定信任交互决策时,个体或系统应充分考虑到自身安全的需求来制定相关标准、信誉值计算方法以及信誉值更新机制。在分布式系统中如物联网、区块链等分布式网络中,信任交互决策是实现安全、可信和可靠的重要手段之一。下面介绍一些常见的信任交互决策机制。

(1) 基于权重的信任决策方法

此方法常用于联邦学习的模型聚合阶段。在联邦学习过程中,聚合服务器为了抵御恶意节点的模型污染和搭便车等攻击,可利用基于权重的信任决策方法把恶意节点的影响降低。在第 n 轮全局模型聚合阶段,聚合服务器根据节点最新的信誉值和节点的本地模型得到加权的本地模型。聚合服务器决策通常为 $\omega_n = (\sum_{j=1}^{N} R_{i \to j} \omega_j / \sum_{j=1}^{N}) R_{i \to j}$,其中 ω_n 为全局模型的模型参数,$R_{i \to j}$ 表示节点 i 对节点 j 的信誉评估,ω_j 表示节点 j 的本地模型。通过这种基于可信的全局聚合模型,考虑了节点的信誉值权重,有效抵御了恶意节点带来的安全威胁,在提高学习收敛率的同时增强了联邦学习的可靠性。

(2) 基于阈值的信任决策方法

基于阈值的信任交互决策是指个体之间或系统与个体在信任交互中,根据自身的安全需求设置一个阈值来判断个体是否可信。在基于阈值的信任交互决策中,每个个体都有信誉值,用于表示其可信程度。当个体进行交互时,会先设定信誉值阈值。如果对方信誉值超过阈值,则认为其是可信的,可以接受其请求或合作;否则,则认为其是不可信的或终止合作。阈值的设置通常是动态变化的,需要根据具体应用场景的安全需求进行调整。在安全性要求高的应用场景,可以设置较高的阈值,以降低受到恶意攻击的风险。而在一些安全需求不高的应用场景,可以设置较低的信誉阈值,以挑选更多个体进行交互合作,以提高整个系统的效率。

(3) 基于可信智能的信任决策方法

基于可信智能的信任决策方法是一种利用人工智能技术来预测和评估个体信誉值

的方法。该方法可利用深度神经网络模型通过从多元化的历史数据中学习,包括历史交易记录、社交行为记录和其他个体的评价等等。根据多元的数据,挑选合适的人工智能算法进行分析和建模,比如基于有监督的深度神经网络算法、深度强化学习和基于聚类的无监督学习算法等。最后,利用训练好的模型对个体未来的可信度和可靠性进行评估,可预测出个体未来的信誉值表现,从而做出更安全的决策。

11.4　面向数据价值的信誉值分析方法

11.4.1　损失函数计量法

以联邦学习为例,为了挑选数据质量更好的用户参与联邦学习,聚合服务器在接收到用户上传的本地模型后,可以利用测试数据集来评估用户的上传模型的质量。但是,在联邦学习开始之前,聚合服务器是无法判断用户的数据质量。因此,在联邦学习的训练循环过程中,聚合服务器可通过损失函数计量法来评估参与用户的数据质量,以挑选更优的用户参与联邦学习。在联邦学习过程中,为了提升全局模型的精度和收敛速度,聚合服务器可挑选拥有更高的数据价值的用户来进行训练。但是,在无法获得用户数据的情况下如何量化用户的数据价值成为一个关键问题。

一种通过衡量用户上传本地模型质量的方法被认为是可高效量化用户数据价值的方法。但是,针对每一轮用户上传的模型进行精度校验会产生巨大的开销。每一轮用户在本地训练模型会产生损失函数的变化,通过损失函数的变化量来量化用户数据价值是便捷且高效的。以文献[144]中联邦学习中第 n 轮迭代举例,假设任务 T 的全局模型在第 n 轮的平均测试损失值为 $L(n)$,用户 i 的局部模型在第 $n+1$ 轮的平均训练损失值为 $L_i(n+1)$。则第 $n+1$ 轮中任务 T_j 的节点 i 的训练价值定义为:

$$r_i^{n+1}=L(n)-L_i(n+1) \tag{11.32}$$

假设在第 $n+1$ 轮中用户用于训练的数据量用 d_i^{n+1},节点 i 的训练质量定义如下:

$$R_i^{n+1}=d_i^{n+1}r_i^{n+1} \tag{11.33}$$

在联邦学习中,需要考虑用户参与训练的时间新鲜度对联邦学习的影响。让更新模型越新鲜的用户权重越大可以通过使用时间遗忘函数来实现。时间遗忘函数可以对每个参与方的模型更新进行加权,从而反映它们对模型更新的贡献,更新的模型越新鲜,则用户的权重越大。假设用户 i 在迭代轮数 $\{1,\cdots,n,\cdots,N\}$ 中参与了联邦学习任务,可以利用 $\{w_i^1,\cdots,w_i^n,\cdots w_i^N\}$ 来表示训练质量的权重系数。训练质量的权重根据它们与最新训练记录的相对时间来决定。$\{w_i^1,\cdots,w_i^n,\cdots w_i^N\}$ 的相应值为 $\{w_i^1=\alpha^{N-1},\cdots,w_i^n=\alpha^{N-n},\cdots,$

$w_i^N = \alpha^{N-N}\}$，其中 $0 < \alpha \leqslant 1$ 是衰减系数。结合历史的训练记录，用户 i 在 $N+1$ 轮中的训练质量值 $\bar{R}_i^{N+1}$ 可通过以下方式获得：

$$\bar{R}_i^{N+1} = \frac{\sum\limits_{n=0}^{N} w_i^n R_i^n}{\sum\limits_{n=0}^{N} w_i^n} \tag{11.34}$$

11.4.2　模型方向测试法

当一个用户完成了联邦学习的本地训练，该需要将其更新的局部模型发送到聚合服务器，以便得到一个全局模型。但是，联邦学习可能存在恶意的用户故意污染全局模型。例如，恶意的用户通过上传错误的局部模型参数使得全局模型精度下降或者无法收敛。为了避免恶意用户的攻击，就需要确保用户上传的局部模型与全局模型之间的保持一定的关联性。其中，Cosine 相似度是一种用于衡量局部模型和全局模型之间相似性的方法。如果局部模型和全局模型非常相似，则它们的 Cosine 相似度将接近 1，表示它们之间的差异很小。相反，如果它们非常不同，则 Cosine 相似度将接近 0，表示它们之间的差异很大。通过这种方式，可以确保每个用户更新的局部模型与全局模型保持方向一致，从而提高全局模型的准确性和收敛速度。

以文献[145]中联邦学习为例，假设在第 n 轮中，全局模型为 h_G^n，第 i 个用户的局部模型为 h_i^n。可以通过计算局部模型 h_i^n 与全局模型 h_G^n 的相似度关系来衡量用户 i 的贡献值 q_i^n，如方程式(11.35)所示：

$$q_i^n = \|h_i^n\| \cos(h_G^n, h_i^n) \tag{11.35}$$

根据用户 i 在第 1 轮到第 n 轮的贡献度，可以计算用户 i 的累计贡献度：

$$Q_i^n = \max\left\{0, \sum_n q_i^n\right\} \tag{11.36}$$

基于式(11.35)和式(11.36)，第 n 轮中用户 i 的相对贡献值 g_i^n 计算如下：

$$g_i^n = \frac{Q_i^n}{\max_i(Q_i^n)} \tag{11.37}$$

为了归一化用户历史记录对信誉值的影响，可以利用 Gompertz 函数表示用户历史记录对信誉值的影响[146]。Gompertz 函数定义如式(11.38)所示：

$$r = \alpha e^{\beta e^{\gamma c}} \tag{11.38}$$

其中，α，β，γ 分别指定上方的渐近线，控制曲线与 x 轴之间的位移，调整函数的增长率。式(11.38)的输出在 0 到 1 之间，表示用户的信誉值。函数的输入 c_i^n 定义如下：

$$c_i^n = \frac{\delta N_i^s - (1-\delta)N_i^f}{\delta N_i^s + (1-\delta)N_i^f} \tag{11.39}$$

其中,N_i^s 和 N_i^f 是用户 i 历史成功通过测试和失败的次数。δ 是权重系数。基于式 (11.38) 和式 (11.39),用户 i 在第 i 轮的历史记录的对信誉的影响计算如下:

$$r_i^n = a\, e^{\beta \gamma c_i^n} \tag{11.40}$$

结合式 (11.37) 和式 (11.38),用户 i 在第 i 轮的信誉值可以计算如下:

$$R_i^n = r_i^n g_i^n \tag{11.41}$$

11.4.3 数据质量衡量法

在联邦学习中,用户的数据质量与全局模型性能之间存在正向的关系。一般来说,用户的数据质量越好,本地训练出的模型性能越好,从而对全局模型的性能也会有所提升。因此,可以通过衡量客户端数据质量与全局模型性能之间的关系来判断客户端的数据质量对全局模型的影响。常用的方法包括计算用户的本地训练模型的贡献度。用户的本地训练模型贡献度可以反映出该客户端对全局模型的影响。如果某个用户的本地训练模型贡献度较高,那么它的数据质量对全局模型的性能影响也应该较大。因此,可以通过比较各个用户的本地训练模型的贡献度来判断它们的数据质量对全局模型的影响。

以联邦学习为例,考虑一个有 I 个类型用户的联邦学习系统。在异构的联邦学习系统中,存在不同类型的用户。这些用户的类型会影响为模型训练的数据质量和数量。用户的类型用 ε_i 表示,其中 $\varepsilon_i \in \{\varepsilon_1, \cdots, \varepsilon_I\}$。类型 ε_i 的用户数据量质量记为 z_i,其中 $z_i \in \{z_1, \cdots, z_I\}$。类型高的用户拥有高质量的数据,例如更高分辨率的图像、更少遮挡的图片、更清晰的音频数据集等。拥有更多高质量数据的用户训练的模型,则模型的准确性将更高。文献[145]将模型性能表示为:

$$A_i(\varepsilon_i, Z_i) = 1 - e^{-\alpha(\bar{\varepsilon}_i, Z_i)^\beta} \tag{11.42}$$

其中,$\bar{\varepsilon}_i$ 和 Z_i 分别是用户 i 用于训练模型的平均数据质量和总的数据量。α 和 β 是权重因子。因此,通过边际收益衡量的用户 i 贡献程度可以表达为:

$$A(I) - A[I\backslash\{i\}] = -e^{-\alpha(\gamma + \sum_{i=1}^{I}\varepsilon_i z_i n_i)^\beta} + \mu \tag{11.43}$$

其中,γ 定义如下:

$$\gamma = \sum_{j=1}^{I\backslash\{i\}} \bar{\varepsilon}_j Z_j \tag{11.44}$$

类似的,$\mu = e^{-\alpha(\sum_{j=1}^{I\backslash\{i\}}\bar{\varepsilon}_j Z_j)^\beta}$。$\gamma$ 和 μ 表示的是用户类型 i 加入联邦学习之前的数据质量和数据的量。n_i 表示用户类型 i 的数量。

第 12 章
信息熵驱动的联邦学习机制

在 6G 车联网联邦学习场景中,现有的激励机制主要是激励终端贡献数据,计算或通信资源改善车联网联邦学习(Vehicular Federated Learning,VFL)的性能,如模型的精度、训练时延、通信时延等。但是,现在有的工作普遍存在一个假设是模型推断、模型训练和模型上传都是可靠且不会出现失败的。这种假设与实际情况是不相符合的。因此,本章首先精心设计了一个三因素指标来衡量 VFL 的可靠性。该指标从三个维度刻画 VFL 的可靠性,即学习可靠性、计算可靠性和通信可靠性。具体来说,在两个分布(车载终端收集的数据类别分布与测试数据的类别分布)距离给定的情况下,学习可靠性定义为对测试数据进行模型推断成功的概率。计算可靠性考虑了计算系统崩溃的可能性,它被定义为在给定的计算时间间隔内系统正常执行的概率。通信可靠性涉及通信链路中断的情况,它被定义为在给定的通信时间间隔内保持连接良好的链路的概率。这些定义意味着 VFL 的可靠性受信息熵表征的数据类别分布和计算-通信持续时间的影响。为了激励可靠的车载终端参与 VFL 任务,采用两维契约论设计一个终端选择方法。边缘服务器充当合约的制定方,而车载终端充当合约的选择方。

12.1   系统模型与问题描述

首先,引入可靠性模型,基于可靠性模型,进一步阐述车载终端和边缘服务器的效用。然后,双方的交互构建为基于两维契约论的优化问题。

考虑通用场景,即存在一个边缘服务器和多个车载终端。边缘服务器在其通信范围内选择 M 个车载终端参与 VFL 任务。边缘服务器具有固定的基础设施,足以确保其可靠性。因此,对于 VFL 的可靠性,我们主要考虑车载终端的学习可靠性、计算可靠性和通信可靠性。

（1）学习可靠性

学习可靠性是指在预设的信息熵等级下，对测试数据进行模型推断成功的概率。信息熵等级取决于边缘服务器请求的车载终端采集数据的类别分布和测试数据类别分布之间的距离。正如文献[147]所述，训练数据的类别分布与测试数据的类别分布之间的距离远可能会导致神经模型权重的差异增大，差异增大将降低模型推断成功的概率。

在这里，使用 EMD 来衡量数据类别分布间的距离。参考文献[147]，将车载终端 m 采集数据的类别分布与边缘服务器的测试数据的类别分布之间的 EMD 定义如下。

定义 12.1　$\delta_m = \sum_{a \in A} |q_{m,a} - q_{c,a}|$，其中 A 是类别的个数，$q_{m,a}$ 是车载终端 m 采集数据中类别 a 的概率，$q_{c,a}$ 是边缘服务器的测试数据中类别 a 的概率。

结合定义 12.1 和文献[148]，M 个车载终端模型推断的成功概率表示为：

$$R^{\mathrm{d}} = \alpha - \zeta^{\mathrm{d}_4} \, \mathrm{e}^{-\zeta^{\mathrm{d}_5} \, (\zeta^{\mathrm{d}_6} \sum_{m \in M} N_m)^\alpha} \tag{12.1}$$

其中，$\alpha = \zeta^{\mathrm{d}_1} \, \mathrm{e}^{-\left(\frac{\zeta^{\mathrm{d}_2} \sum_{m \in M} \delta_m}{M} + \zeta^{\mathrm{d}_3}\right)^3}$。这里，$\zeta^{\mathrm{d}_1}$，$\zeta^{\mathrm{d}_2}$，$\zeta^{\mathrm{d}_3}$，$\zeta^{\mathrm{d}_4}$，$\zeta^{\mathrm{d}_5}$，$\zeta^{\mathrm{d}_6}$ 是拟合参数，N_m 是车载终端 m 提供的数据量。

（2）计算可靠性

计算可靠性是指计算系统在给定计算时间间隔内稳定运行的概率。长期连续地在设备上执行模型训练可能会导致计算系统崩溃[149]。很容易理解，在其他因素固定的情况下，计算时间越长，计算系统的故障概率就越大。因此，减少计算时间可以直接增加计算系统的计算可靠性。

参考文献[149]，车载终端 m 的计算系统在其本地模型更新期间的故障概率表示为 $H_m^{\mathrm{c}} = 1 - \mathrm{e}^{-\omega_m^{\mathrm{c}} t_m^{\mathrm{c}}}$，其中 t_m^{c} 是本地模型更新的时间，ω_m^{c} 是计算系统由于硬件或软件故障导致的故障率。值得注意的是，ω_m^{c} 遵循泊松过程[150]，可以通过文献[151]中的实验评估获得。这里 $t_m^{\mathrm{c}} = \frac{E_m N_m \eta_m s_m}{f_m}$，其中 η_m 是车载终端 m 执行单位比特需要的 CPU 周期数，s_m 是每个样本的大小，N_m 是车载终端 m 提供的数据量，f_m 是 CPU 周期数，E_m 是本地迭代次数。也就是说，本地模型更新期间稳定地执行计算的概率表示为 $1 - H_m^{\mathrm{c}} = \mathrm{e}^{-\omega_m^{\mathrm{c}} t_m^{\mathrm{c}}}$。因此，根据文献[149]，$M$ 车载终端稳定执行计算的概率表示为：

$$R^{\mathrm{c}} = \prod_{m=1}^{M} \mathrm{e}^{-\omega_m^{\mathrm{c}} t_m^{\mathrm{c}}} \tag{12.2}$$

（3）通信可靠性

通信可靠性是指在给定的通信时间间隔内保持连接良好的链路的概率。显然，在其他因素固定的情况下,通信时间的增长会增加车载终端 m 和边缘服务器之间的通信链路的失败概率。根据文献[149],车载终端 m 与边缘服务器在其模型参数上传过程中通信链路的失败概率表示为 $H_m^u = 1 - e^{-\omega_m^u t_m^u}$,其中 t_m^u 是模型参数的上传时间,ω_m^u 是通信链路的故障率。故障是由硬件故障或软件故障,以及通信链路的间歇性引起的[152]。需要注意的是,ω_m^u 也服从泊松过程。这里 $t_m^u = \dfrac{\lambda_m^u}{r_m^u}$,其中 λ_m^u 是上传到参数服务器的模型参数的大小,r_m^u 是平均传输速率。保持链接良好的概率写为 $1 - H_m^u = e^{-\omega_m^u t_m^u}$。因此,$M$ 车载终端保持链路良好的概率表示为:

$$R^u = \prod_{m=1}^{M} e^{-\omega_m^u t_m^u} \tag{12.3}$$

由于学习可靠性、通信可靠性和计算可靠性相互依赖,融合三个因素 R^d、R^c 和 R^u 来量化 VFL 的可靠性,数学表达式如下:

$$R = R^d R^c R^u \tag{12.4}$$

基于 VFL 的可靠性 R,我们分别介绍了车载终端的效用和类型。车载终端 m 的效用定义如下:

$$U_m = G_m - C_m \tag{12.5}$$

其中,G_m 是来自边缘服务器的奖励,C_m 是在一次全局迭代中完成本地模型更新和模型参数上传消耗的总成本。总成本 C_m 包括两个部分。参考文献[153],第一部分是计算成本,表示为 $\beta_m^c E_m N_m \eta_m s_m \kappa_m f_m^2$。其中,$\beta_m^c$ 是计算能耗的单位成本,κ_m 是有效开关电容。参考文献[153],第二部分是通信成本,表示为 $\dfrac{\beta_m^u \lambda_m^u p_m}{b\phi_m}$。其中,$\beta_m^u$ 是通信能耗的单位成本,p_m 是传输功率。为了简化分析,我们认为 N、E、κ、λ、s 和 η 对于所有车载终端都是相同的。车载终端 m 贡献 CPU 周期数 f_m 和传输功率 p_m,边缘服务器提供奖励 P_m。因此,车载终端 m 的效用被重写为:

$$U_m(f_m, p_m, P_m) = P_m - \beta^d N - \beta_m^c EN\eta s\kappa f_m^2 - \frac{\beta_m^u \lambda p_m}{b\phi_m} \tag{12.6}$$

很明显,$U_m(f_m, p_m, P_m)$ 关于 p_m 是非凹函数。为了便于求解最优合约项,基于文献[153],定义 $\phi_m = \log_2\left(1 + \dfrac{d_m^{-\delta}(h_m^u)^2 p_m}{N_0}\right)$。这里,$b$ 是通信带宽,对于每个车载终端都相同的,d_m 是车载终端 m 与参数服务器之间的传输距离,h_m^u 是具有复高斯分布的瑞利信道系数,N_0 是功率噪声,δ 是路径损耗指数。通过改写 $\phi_m = \log_2\left(1 + \dfrac{d_m^{-\delta}(h_m^u)^2 p_m}{N_0}\right)$,我们得到 $p_m = \dfrac{(2^{\phi_m} - 1)N_0}{d_m^{-\delta} h_m^2}$。我们用 $p_m = \dfrac{(2^{\phi_m} - 1)N_0}{d_m^{-\delta} h_m^2}$ 替换车载终端 m 效用函数中的 p_m,进而改写 $U_m(f_m, p_m, P_m)$ 如下:

$$U_m(f_m, \phi_m, P_m) = P_m - \beta^d N - \frac{f_m^2}{\theta_m} - \frac{(2^{\phi_m} - 1)}{\phi_m \gamma_m} \tag{12.7}$$

其中，$\theta_m = \dfrac{1}{\beta_m^c E N \eta s \kappa}$，$\gamma_m = \dfrac{b d_m^{-\delta} h_m^2}{\lambda \beta_m^u N_0}$。

　　根据计算和通信成本的差异划分 M 个车载终端为不同类型。其中，计算成本类型集合表示为 $\Theta = \{\theta_x : 1 \leqslant x \leqslant X\}$，通信成本类型集合表示为 $\Gamma = \{\gamma_y : 1 \leqslant y \leqslant Y\}$。这里，$X$ 和 Y 分别是计算和通信成本类型的总个数。所以，存在 XY 个类型的车载终端。我们用 $Q_{x,y}(\theta_x, \gamma_y)$ 表示车载终端属于 x 类型和 y 类型的概率。可以得到 $\sum\limits_{x \in X} \sum\limits_{y \in Y} Q_{x,y} M_{x,y} = M$。

　　按照非递减的顺序对车载终端的每个类型进行排序：$0 < \theta_1 \leqslant \theta_2 \leqslant \cdots \leqslant \theta_X$，$0 < \gamma_1 \leqslant \gamma_2 \leqslant \cdots \leqslant \gamma_Y$。为了便于表示，将计算成本类型属于 x、通信成本类型属于 y 的车载终端表示为类型 (θ_x, γ_y)。因此，类型 (θ_x, γ_y) 车载终端的效用定义为：

$$U_{x,y}(f_{x,y}, \phi_{x,y}, P_{x,y}) = P_{x,y} - \beta^d N - \frac{f_{x,y}^2}{\theta_x} - \frac{(2^{\phi_{x,y}} - 1)}{\phi_{x,y} \gamma_y} \tag{12.8}$$

　　边缘服务器的效用是由其获得的利润 G_s 与激励车载终端参 VFL 任务的成本 C_s 之差构成，如下：

$$F_s = G_s - C_s \tag{12.9}$$

　　VFL 的可靠性 R 越高，边缘服务器获得的利润越高。为了简化分析，我们采取 VFL 可靠性 R 的对数形式表示获得的利润，如下：

$$G_s = \ln(HR) = \ln(HR^d R^c R^u) = \ln H + \ln R^d + \ln R^c + \ln R^u$$
$$= \ln H + \ln R^d - \sum_{x \in X} \sum_{y \in Y} Q_{x,y} \left(\frac{EN s \eta \, \overline{\omega^c}}{f_{x,y}} + \frac{\lambda \, \overline{\omega^u}}{b \phi_{x,y}} \right) \tag{12.10}$$

其中，H 是单位可靠性获得的利润。这里需要注意的是 $R^d = \alpha - \omega^{d_4} \mathrm{e}^{-\omega^{d_5} (\omega^{d_6} MN)^\alpha}$，其中，$\alpha = \omega^{d_1} \mathrm{e}^{-(\omega^{d_2} \overline{\delta_a} + \omega^{d_3})^2}$。边缘服务器必须为车载终端支付的激励成本表示如下：

$$C_s = \sum_{x \in X} \sum_{y \in Y} M Q_{x,y} P_{x,y} \tag{12.11}$$

所以，边缘服务器的效用重写为：

$$F_s = \ln H + \ln R^d - \sum_{x \in X} \sum_{y \in Y} \left[\frac{M Q_{x,y} EN s \eta \, \overline{\omega^c}}{f_{x,y}} + \frac{M Q_{x,y} \lambda \, \overline{\omega^u}}{b \phi_{x,y}} + M_a Q_{x,y} P_{x,y} \right] \tag{12.12}$$

　　车载终端和边缘服务器之间存在信息不对称的问题，即车载终端的计算和通信成本类型对边缘服务器是不可知的。为了解决信息不对称的问题，边缘服务器可以采用契约论设计合约，然后利用不同类型的合约选出最佳的车载终端。这里，参数服务器是合约设计的主方，车载终端是选择适合自己类型合约的代理人。合约可以表示为 $\Phi = \{(f_{x,y}, \phi_{x,y}, P_{x,y}), x \in X, y \in Y\}$，其中 $(f_{x,y}, \phi_{x,y}, P_{x,y})$ 适用于类型 (θ_x, γ_y) 车载终端的合约。类型 (θ_x, γ_y) 车载终端选择类型 (θ_i, γ_j)，即 $(f_{i,j}, \phi_{i,j}, P_{i,j})$，类型 (θ_x, γ_y) 的车载终端的效用定义为 $B_{x,y}^{i,j}$，即：

$$B_{x,y}^{i,j}=U_{x,y}(f_{i,j},\phi_{i,j},P_{i,j})=P_{i,j}-\beta^d N-\frac{f_{i,j}^2}{\theta_x}-\frac{(2^{\phi_{i,j}}-1)}{\phi_{i,j}\gamma_y\psi} \tag{12.13}$$

在两维度信息不对称的情况下，引入个体理性（Individual Rationality，IR）条件和激励相容性（Incentive Compatibility，IC）条件确保每个合约是可行的。IR 条件鼓励车载终端参与 VFL 任务，同时确保参与 VFL 任务的车载终端的效用是非负的。所以，类型为 (θ_x,γ_y) 的车载终端的 IR 条件为：

$$B_{x,y}^{x,y}\geqslant \bar{B} \tag{12.14}$$

其中，$\bar{B}$ 是车载终端拒绝参与 VFL 任务时的最小效用。IC 条件保证了当每种类型的车载终端选择适合自己类型的合约的时候，其效用能够达到最大。

换而言之，任何合约 $(f_{i,j},\phi_{i,j},P_{i,j})$，$\forall x,i\in X,y,j\in Y$ 和 $x\neq i$ 或 $y\neq j$ 不能最大化类型 (θ_x,γ_y) 的车载终端的效用，除了合约 $(f_{x,y},\phi_{x,y},P_{x,y})$。因此，类型 (θ_x,γ_y) 的车载终端的 IC 条件可以表示为：

$$B_{x,y}^{x,y}\geqslant \max\{B_{x,y}^{x,j},B_{x,y}^{i,y},B_{x,y}^{i,j}\},\forall x,i\in X,y,j\in Y,x\neq i,y\neq j \tag{12.15}$$

在约束 IC 和 IR 条件下，我们的目标是最大化边缘服务器的效用，构建为如下基于两维契约论的优化问题：

$$\max_{f_{x,y},\phi_{x,y},P_{x,y},x\in X,y\in Y} F_s$$
$$\text{s.t.}:(IR),and(IC),x\in X,y\in Y \tag{12.16}$$

在下一节中，我们将简化优化问题中的约束，并提供解决简化优化问题的分析。

12.2　激励机制设计

在本小节中，将简化优化问题中的约束，并设计一个迭代算法求解简化的优化问题，进而获得最优的合约项。

值得注意的是，构建的优化问题是一个两维非凸的优化问题，其复杂的约束至少包括 XY 个 IR 约束和 $X^2(Y^2-1)$ 个 IC 约束。因此，标准的凸优化工具不能求解构建的优化问题。为了简化构建的优化问题，将研究 $B_{x,y}^{x,y}$ 的性质。首先，引入以下引理。

引理 12.1　当 $\phi>1$ 时，$\mathcal{F}(\phi)=\frac{2^\phi-1}{\phi}$ 是一个凸函数，且恒大于零，即 $\mathcal{F}(\phi)>0$。

证明　当 $\phi>1$ 时，有 $2^\phi-1>0$，因此可以得到 $\mathcal{F}(\phi)>0$。然后，我们计算 $\mathcal{F}(\phi)$ 的二阶导函数，得到 $\frac{\partial^2 \mathcal{F}}{\partial\phi^2}=\frac{2^\phi(\phi\ln 2-1)^2+2^\phi-2}{\phi^3}$。当 $\phi>1$ 时，有 $2^\phi-1>0$。所以，有 $2^\phi(\phi\ln 2-1)^2+2^\phi-2>0$。因此得到 $\frac{\partial^2 \mathcal{F}}{\partial\phi^2}>0$。由于 $\frac{\partial^2 \mathcal{F}}{\partial\phi^2}>0$，所以当 $\phi>1$ 时，$\mathcal{F}(\phi)$ 是关

于 ϕ 的一个凸函数。

基于引理 12.1,我们得到如下定理。

引理 12.2　在引理 12.1 成立的条件下,如果 $x>i$ 和 $y>j$,那么有 $f_{i,j}\leqslant\max\{f_{i,y},$ $f_{x,j}\}\leqslant f_{x,y}$ 和 $\phi_{i,j}\leqslant\max\{\phi_{i,y},\phi_{x,j}\}\leqslant\phi_{x,y}$。

证明　参考文献[154]。

引理 12.3　$\forall\,x,i\in X,y,j\in Y$,有 $B_{x+1,y+1}^{x,y}\geqslant B_{x+1,y+1}^{x,y-1}$,$B_{x+1,y+1}^{x,y}\geqslant B_{x+1,y+1}^{x-1,y}$ 和 $B_{x+1,y+1}^{x,y}\geqslant B_{x+1,y+1}^{x-1,y-1}$。

证明　参考文献[154]。

引理 12.4　构建的优化问题中的 IR 约束能够减少为 $B_{1,1}^{1,1}\geqslant\bar{B}$。

证明　参考文献[154]。

引理 12.5　$\forall\,x,i\in X,y,j\in Y$,有兼容向下的 IC 约束,如下:

$$B_{x+1,y+1}^{x+1,y+1}\geqslant\max\{B_{x+1,y+1}^{x,y-1},B_{x+1,y+1}^{x-1,y},B_{x+1,y+1}^{x-1,y-1}\}\tag{12.17}$$

证明　参考文献[154]。

使用上述引理推导出类型 (θ_x,γ_y) 的车载终端的效用,定理如下。

定理 12.1　给定 $\theta_x,\gamma_y,\forall\,x,i\in X,y,j\in Y$,类型 (θ_x,γ_y) 的车载终端的效用为:

$$
\begin{aligned}
B_x^{x,y} = &\bar{B}+\sum_{i=1}^{x-1}\sum_{j=1}^{y-1}\left\{\Delta_i f_{i,j}^2+\frac{\Lambda_j(2^{\phi_{i,j}}-1)}{\phi_{i,j}}\right\}+\\
&\sum_{i=1}^{x-1}\sum_{j=1}^{y-1}\max\left\{0,\Delta_i(f_{i,j+1}^2-f_{i,j}^2),\Lambda_j\left(\frac{2^{\phi_{i+1,j}}-1}{\phi_{i+1,j}}-\frac{2^{\phi_{i,j}}-1}{\phi_{i,j}}\right)\right\}\\
&\forall\,x,i\in X,y,j\in Y,i<x,j<y
\end{aligned}\tag{12.18}
$$

其中,$\Delta_i=\dfrac{1}{\theta_i}-\dfrac{1}{\theta_{i+1}}$,$\Lambda_j=\dfrac{1}{\gamma_j\psi}-\dfrac{1}{\gamma_{j+1}\psi}$。

证明　参考文献[154]。

我们利用定理 12.1 得到优化问题最优的解,定理如下。

定理 12.2　构建的优化问题的最优合约 $(f_{x,y}^*,\phi_{x,y}^*,P_{x,y}^*)$,$x\in X,y\in Y$ 通过以下简化的优化问题得到,如下:

$$
\begin{aligned}
(f_{x,y}^*,\phi_{x,y}^*) = &\operatorname{argmax}_{f_{x,y},\phi_{x,y},x\in X,y\in Y}F_s\\
&\text{s. t. :}\phi_{x,y}\geqslant 1,f_{x,y}\geqslant 0,x\in X,y\in Y
\end{aligned}\tag{12.19}
$$

其中,$F_s=-\sum\limits_{x\in X}\sum\limits_{y\in Y}MQ_{x,y}\left[\dfrac{ENs\eta\,\overline{\omega}^{\tau}}{f_{x,y}}+\dfrac{\lambda\,\overline{\omega}^{\upsilon}}{b\phi_{x,y}}+B_{x,y}^{x,y}+C_{x,y}(f_{x,y},\phi_{x,y})\right]+\dfrac{M\ln H}{M}+\ln R^{\mathrm{d}}$。

这里,$P_{x,y}^*=B_{x,y}^{x,y*}+C_{x,y}(f_{x,y}^*,\phi_{x,y}^*)$,其中 $B_{x,y}^{x,y*}$ 能够通过定理 3.1 获得。

由于定理 12.1 中 $B_x^{x,y}$ 的形式,我们无法推导出合约的闭式解。因此,我们设计一个梯度下降算法进行求解优化问题。

梯度下降算法如下。

算法:梯度下降算法

输入:初始化迭代下标 $z=0$,步长 ϑ_1、ϑ_2,容忍误差 $\varphi_1=\varphi_2=1$,$\varphi=0.01$,CPU 周期数向量 $\boldsymbol{f}$、$\boldsymbol{f}_0$ 和传输速率向量 $\boldsymbol{\phi}$、$\boldsymbol{\phi}_0$。

While $\varphi_1 \geqslant \varphi$ 和 $\varphi_2 \geqslant \varphi$:

$z=z+1$

For $x=1,\cdots,X$ 和 $y=1,\cdots,Y$:

利用下面的公式计算点 $f_{x,y}(z-1)$ 和 $\phi_{x,y}(z-1)$ 处的更新值: $\frac{\partial F_s}{\partial f_{x,y}}|f_{x,y}(z-1)$ 和

$\frac{\partial F_s}{\partial \phi_{x,y}}|\phi_{x,y}(z-1)$。

利用下面的公式更新 $f_{x,y}(z)$ 和 $\phi_{x,y}(z)$:

$$f_{x,y}(z)=f_{x,y}(z-1)+\vartheta_1 \frac{\partial F_s}{\partial f_{x,y}}|f_{x,y}(z-1)$$

$$\phi_{x,y}(z)=\phi_{x,y}(z-1)+\vartheta_2 \frac{\partial F_s}{\partial \phi_{x,y}}|\phi_{x,y}(z-1)$$

更新向量 $\boldsymbol{f}(z)$ 和 $\boldsymbol{\phi}(z)$。

利用 $\boldsymbol{f}(z)=\frac{\boldsymbol{f}(z)}{\|\boldsymbol{f}(z)\|_2}$ 和 $\boldsymbol{\phi}(z)=\frac{\boldsymbol{\phi}(z)}{\|\boldsymbol{\phi}(z)\|_2}$ 归一化 $\boldsymbol{f}(z)$ 和 $\boldsymbol{\phi}(z)$.

评估误差 $\varphi_1=\|\boldsymbol{f}(z)-\boldsymbol{f}(z-1)\|$ 和 $\varphi_2=\|\boldsymbol{\phi}(z)-\boldsymbol{\phi}(z-1)\|$。

获得最优的合约 $\boldsymbol{f}^{*'}$ 和 $\boldsymbol{\phi}^{*'}$。

If $\boldsymbol{f}^{*'}$ 和摘 $\boldsymbol{\phi}^{*'}$ 不满足单调性条件:利用 Bunching and Ironing 算法[155]调整 $\boldsymbol{f}^{*'}$ 和 $\boldsymbol{\phi}^{*'}$直到满足单调性为止,输出 $\boldsymbol{f}^*$ 和 $\boldsymbol{\phi}^*$。

If $\boldsymbol{f}^{*'}$ 和摘 $\boldsymbol{\phi}^{*'}$ 满足单调性条件:$\boldsymbol{f}^*=\boldsymbol{f}^{*'}$ 和 $\boldsymbol{\phi}^*\boldsymbol{\phi}^{*'}$,基于公式 $P_{x,y}^*=B_{x,y}^{x,y*}+C_{x,y}$ $(f_{x,y}^*,\phi_{x,y}^*)$,计算最优的奖励 $\boldsymbol{P}^*$

输出:$\boldsymbol{f}^*$、$\boldsymbol{\phi}^*$ 和 $\boldsymbol{P}^*$。

这里,$\boldsymbol{f}=\begin{bmatrix} f_{1,1} & \cdots & f_{x,1} \\ \vdots & & \vdots \\ f_{1,y} & \cdots & f_{x,y} \end{bmatrix}$,$\boldsymbol{\phi}=\begin{bmatrix} \phi_{1,1} & \cdots & \phi_{x,1} \\ \vdots & & \vdots \\ \phi_{1,y} & \cdots & \phi_{x,y} \end{bmatrix}$ 和 $\boldsymbol{P}=\begin{bmatrix} P_{1,1} & \cdots & P_{x,1} \\ \vdots & & \vdots \\ P_{1,y} & \cdots & P_{x,y} \end{bmatrix}$。

12.3 实 验 评 估

通过硬件演示和软件仿真进行性能的评估。对于硬件演示,本书搭建了一个嵌入式硬件原型。如图 12.1 所示,硬件原型包括 10 块 Jetson Nano 板(作为车载终端),1 个 Jetson NX(作为边缘服务器),以及 1 台笔记本计算机(用于跟踪实验结果)。所有设备都通过企业级 WiFi 路由器连接。利用硬件实验验证了学习可靠性与信息熵之间的关

系。基于硬件实验的结果,进行仿真实验来评估所提出的激励机制能够确保 VFL 的可靠性。

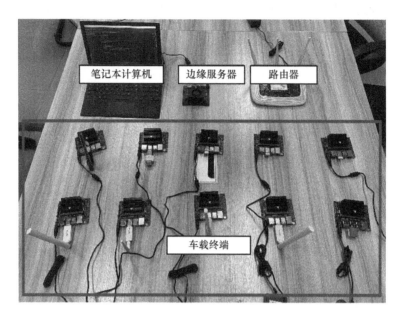

图 12.1　VFL 硬件原型

在 CIFAR10 数据集上进行硬件实验。训练图像分为 10 个客户终端,每个客户终端有 5 000 张。选择 6 个信息熵值来进行仿真,以揭示和量化模型,推断精度和信息熵之间的关系。由于相同的信息熵可能有不同的分布,使用以下过程生成不同的信息熵值(方法来源于文献[147])。首先,假设边缘服务器中 10 个类别的分布服从均匀分布。其次,使用一个信息熵为一个车载终端随机生成一个概率分布 p。通过使用 5 000 张的训练图像和 p 计算车载终端的训练图像的数量。再次,将 p 的概率右移 1 个元素,并生成一个新的分布 p'。还使用 p' 来计算第二个车载终端的训练图像数量。将 p' 右移 1 个元素并生成另一个新分布 p'',并计算第三个车载终端的训练图像数量。对其他 7 个车载终端重复上述过程。因此,10 个车载终端的训练图像数量和信息熵是相同的,而每个训练图像仅使用一次。最后,重复上述步骤 5 次,并生成 5 个信息熵值。根据不同的信息熵,设计了硬件实验来评估学习的可靠性。

图 12.2 表明随着全局迭代次数的增加,学习可靠性(即模型推断精度)增加。对于每个信息熵值,在硬件原型上重复运行 VFL 程序 10 次,得到平均的学习可靠性。

如图 12.3 所示,随着信息熵值的增加,学习可靠性逐渐下降。这是因为信息熵值的增加直接扩大了神经网络模型权重的发散程度,从而降低了对测试数据进行模型推断成功的概率。

对于两维契约理论的数值分析,利用 R^d 对实验结果进行曲线拟合,得到拟合参数。对于 EMD,有 $\zeta^{d_1}=0.891\,9$、$\zeta^{d_2}=0.000\,01$、$\zeta^{d_3}=1.03$、$\zeta^{d_4}=0.278\,3$、$\zeta^{d_5}=0.643$ 和 $\zeta^{d_6}=0.579\,9$。

首先,分析 VFL 的可靠性。然后,验证两维合约的属性。我们设置车载终端的数量为 $M=64$。对于车载终端类型,让 $I=J=8$,并且每个车载终端类型的比例是相同的,即 $Q=\dfrac{1}{64}$。每个车载终端的类型 (θ,γ) 在 $[1,10]\times[8\,470,8\,469]$ 范围内服从均匀分布。表 12.1 给出了其他参数的设定。

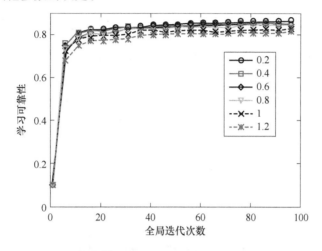

图 12.2　不同信息熵下的学习可靠性与全局迭代次数的关系

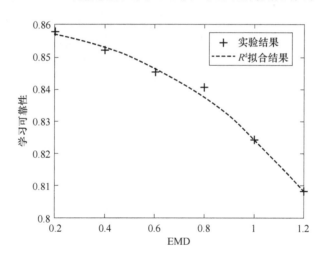

图 12.3　学习可靠性与信息熵的关系

表 12.1　仿真中的参数设置

参　　数	设　　定
有效开关电容	$\kappa=10^{-28}$
计算 1 bit 数据需要的 CPU 周期数	$\eta=20\ \text{cycles/bit}$
通信带宽	$b=2\ \text{MHz}$
本地迭代次数	$E=5$

参　　数	设　　定
模型参数大小	$\lambda = 5.6\ \text{MB}$
图片大小	$s = 24\,576\ \text{bit}$
图片数量	$N = 5\,000$
其他参数	$H = e^{10^3}, \beta^{d} = \beta^{c} = 1, \beta^{d} = 2 \times 10^{5}$

　　不同可靠性参数下的性能如下。如图 12.4 所示,随着 ω^{c} 或 ω^{u} 的减少,边缘服务器的效用增加。当 ω^{c} 和 ω^{u} 固定时,随着 δ 的减少,边缘服务器的效用增加。值得注意的是,边缘服务器的效用直接关系到 VFL 的可靠性。所以,这些结果还表明 ω^{c} 或 ω^{u} 的减少反而增加了 VFL 的可靠性。也就是说,VFL 的可靠性被信息熵、计算故障率和通信故障率所影响。如图 12.5 所示,随着 ω^{c} 或 ω^{u} 的减少,车载终端的效用减少。当 ω^{c} 和 ω^{u} 固定时,随着 δ 的减少,车载终端的效用增加。

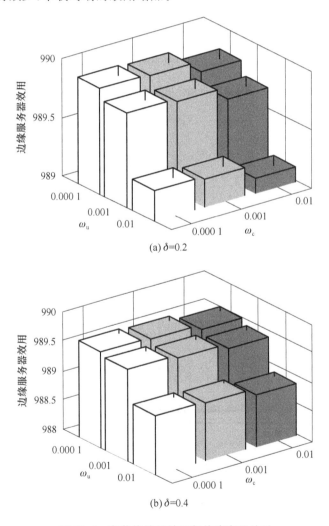

(a) $\delta = 0.2$

(b) $\delta = 0.4$

图 12.4　车载终端的效用与故障率的关系

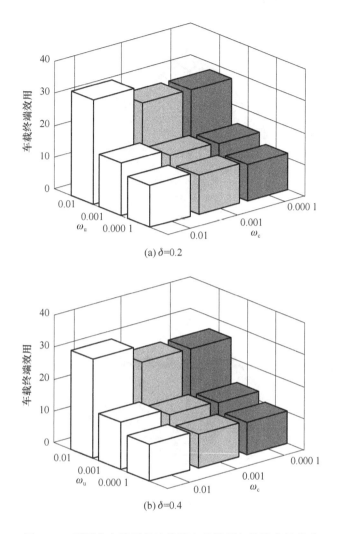

(a) δ=0.2

(b) δ=0.4

图 12.5　不同信息熵下的边缘服务的效用与故障率的关系

合约属性的校验：设置参数 $\omega^c=0.2$ 和 $\omega^u=0.2$，其他参数不变。

我们首先验证两维契约论的单调性。换而言之，随着二元组类型的增加，f^* 和 ϕ^* 非单调递减，同时 P^* 也非单调递减。图 12.6 中的结果与引理 12.2 中的理论结论一致。接下来，分别展示合约类型对边缘服务器和车载终端的效用的影响。

如图 12.7 所示，随着二元组类型的增加，边缘服务器和车载终端的效用都增加，能够为更高类型的车载终端带来更多利益。

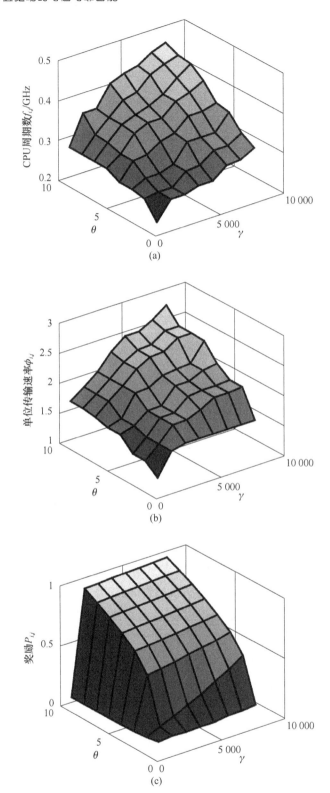

图 12.6　两维合约属性验证

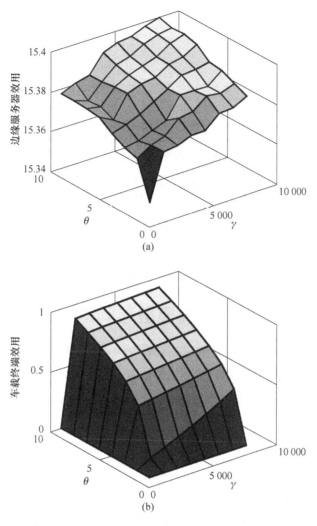

图 12.7 边缘服务器和车载终端的效用

本 章 小 结

本章首先对面向数据价值的信息熵评估方法进行概述,然后考虑 6G 车联网联邦深度学习场景,并从学习可靠性、通信可靠性和计算可靠性三个角度出发,结合业务数据信息熵对性能的作用,设计了一个三因素指标来刻画 VFL 可靠性。基于定义的指标,我们首先对边缘服务器和车载终端的效用进行建模,然后采用两维契约论构建节点行为激励机制。进而设计一个梯度下降算法求解激励机制的最优合约。最后基于 CIFAR10 数据集,我们通过硬件演示和软件模拟实现系统评估。实验结果验证了 VFL 可靠性指标的有效性,同时也表明了我们设计的激励机制在激励车载终端协同工作以实现可靠的 VFL 方面是有效的。

第 13 章

信誉值驱动的联邦学习机制

13.1 系统模型与问题描述

我们以 6G 车联网为典型场景,讲述信誉值驱动的联邦学习机制的数学建模过程,主要包括对可靠性模型、能耗模型和信誉模型的介绍。

13.1.1 可靠性模型

联邦学习的可靠性取决于网络系统中各个组件(即用户设备、无线链路等)的可靠性。本节采用一种从统计角度评估计算设备和通信链路在处理任务时的故障率,故障包括硬件故障、软件故障等。任何故障情况都可以归一化为泊松分布。这种可靠性评价方法已经通过大量实验证明了其有效性。

(1)模型训练的可靠性

用户 i 为本地模型训练贡献的计算资源表示为 f_i。然后,c_i 和 s_i 分别表示模型训练中一个数据样本的计算复杂度和模型训练的数据大小。用户 i 的一次本地迭代的训练延迟可以表示为:

$$T_i^c = \frac{c_i s_i}{f_i} \tag{13.1}$$

第 i 个用户在其模型训练延迟 T_i^c 期间的可靠性定义为:

$$R_i^c = e^{-\eta T_i^c} = e^{-\frac{c_i s_i}{\eta f_i}} \tag{13.2}$$

其中,η 表示模型训练的失败率。

（2）模型上传的可靠性模型

在本书中，我们只考虑由于上行带宽和用户在学习全局模型过程中所经历的成本的关系而导致的上行带宽分配。第 i 个用户的上行链路数据速率表示为：

$$r_i = B\log_2\left(1 + \frac{p_i g_i}{N_0}\right) \tag{13.3}$$

其中，B 是上行信道带宽，p_i 和 g_i 分别代表第 i 个用户的传输功率和信道增益，N_0 是加性高斯白噪声。类型 i 用户上的模型传输延迟可以表示为：

$$T_i^t = \frac{M}{r_i} = \frac{M}{B\log_2\left(1 + \frac{p_i g_i}{N_0}\right)} \tag{13.4}$$

类型 i 用户在其模型传输延迟 T_i^t 期间的可靠性定义为：

$$R_i^t = e^{-\varepsilon T_i^t} = e^{-\varepsilon \frac{M}{r_i}} \tag{13.5}$$

其中，ε 表示模型传输的失败率。类型 i 用户的联邦学习任务的可靠性可以表示为：

$$R_i^{tol} = R_i^c R_i^t = e^{-\eta T_i^c - \varepsilon T_i^t} \tag{13.6}$$

为简单起见，用户 i 从可靠性中获得的可实现利润可以定义为：

$$S_i = \rho\ln(\theta_i R_i^{tol}) = \rho\ln\theta_i - \eta T_i^c - \varepsilon T_i^t \tag{13.7}$$

13.1.2 能耗模型

第 i 个类型的用户一次局部迭代的能量消耗表示为：

$$E_i^c = \kappa c_i s_i f_i^2 \tag{13.8}$$

其中，κ 是用户 i 的计算芯片组的有效电容参数。为了在全局迭代中传输局部模型更新，用户 i 消耗给定的能量为：

$$E_i^t = p_i T_i^t = \frac{p_i M}{B\log_2\left(1 + \frac{p_i g_i}{N_0}\right)} \tag{13.9}$$

用户 i 在一次全局迭代中的总能耗表示如下：

$$E_i^{tol} = E_i^c + E_i^t \tag{13.10}$$

13.1.3 信誉模型

局部模型更新对全局模型的贡献程度可作为训练质量的量化指标。利用每一轮训练迭代中的损失减少来量化每一轮迭代的训练质量。服务器对用户 i 的满意度由训练数据质量衡量如下：

$$m_i^t = \left(\cos\left(\omega_G^t, \sum_{j=1}^{t} \omega_i^j \right) \,\Big|\, \cos\left(\omega_G^t, \sum_{j=1}^{t} \omega_i^j \right) \geqslant \gamma_{th} \right) \tag{13.11}$$

在联邦学习中,为了提高学习精度和抵御恶意攻击,信誉度高的用户上传的参数应该在聚合中具有更大的权重。与传统的只考虑安全威胁的信誉模型不同,本方案综合考虑了历史经验和训练质量对联邦学习的影响。因此,基于主观逻辑的方案,我们提出了以下信誉评估模型:

$$b_{k\to i}^t = (1 - u_{k\to i}^t) m_i^t \frac{\alpha_i^t}{\alpha_i^t + \beta_i^t} \tag{13.12}$$

其中,$u_{k\to i}^t$ 是数据包传输的失败概率,m_i^t 是学习质量,α_i^t 是积极交互的数量,β_i^t 是上传错误数据等恶意行为的数量。可以看出,一个用户的学习质量越高,其信誉值就越高。此外,系统还会选择信誉值较高的节点,以提高学习精度,抵御恶意攻击。具体来说,该方案根据联邦学习中局部模型更新的梯度贡献度来判断用户的可靠性。服务器 k 对节点 i 的信誉评估值为:

$$g_{k\to i}^t = b_{k\to i}^t + \gamma u_{k\to i}^t \tag{13.13}$$

其中,$\gamma(\gamma \in [0,1])$ 是影响信誉的不确定性程度系数。

13.2 拍卖机制设计

给定联邦学习的最大可容忍时间下,资源和相应的能源成本之间存在相关性。在本节中,我们将介绍用户决定出价的方式。用户 i 的能耗取决于以下目标函数的解。该目标函数定义为可靠性利润与能耗之差,即:

$$\max_{(p_i, f_i)} S_i^{tol}(p_i, f_i) - \delta E_i^{tol}(p_i, f_i)$$
$$\text{s. t.} \quad T_i^{tol} \leqslant T_{max}$$
$$R_i^{tol} \geqslant R_{th}$$
$$0 \leqslant p_i \leqslant p_i^{max}$$
$$0 \leqslant f_i \leqslant f_i^{max} \tag{13.14}$$

其中,T_{max} 是联邦学习的最大延迟容限。p_i^{max} 和 f_i^{max} 表示用户 i 的最大发射功率和最大计算资源。δ 是能量成本的权重系数。在优化问题(13.14)中,上行传输功率和计算资源的分配在约束中相互耦合。优化问题可以通过迭代优化通信和计算资源来解决。优化问题(13.14)可以分解为如下两个子问题.

(1)上行传输功率最优解

给定最优计算能力 f_i^*,每个移动用户通过解决以下问题分配其传输功率:

$$\max_{(p_i)} P(p_i) = -\frac{(\rho\epsilon + \delta p_i)M}{B\log_2\left(1+\frac{p_i g_i}{N_0}\right)} \tag{13.15}$$

$$\text{s. t.}\quad \frac{M}{B\log_2\left(1+\frac{p_i g_i}{N_0}\right)} + \frac{s^i c_i}{f_i^*} \leqslant T_{\max} \quad \frac{-\rho\eta s_i c_i}{f_i^*} - \rho\epsilon\,\frac{M}{B\log_2\left(1+\frac{p_i g_i}{N_0}\right)} \geqslant \ln R_{th}$$

$$0 \leqslant p_i \leqslant p_i^{\max}$$

值得注意的是,子问题(13.16)在域中是拟凸的。拟凸优化问题的一般方法是二分法。

(2) 最优计算资源

给定最优上行传输功率 p_i^*,每个用户通过解决以下问题分配其计算能力:

$$\max_{(p_i)} F(f_i) = \frac{-\rho\eta s_i c_i}{f_i} - \delta\kappa c_i s_i f_i^2$$

$$\text{s. t.}\quad \frac{M}{B\log_2\left(1+\frac{p_i^* g_i}{N_0}\right)} + \frac{s^i c_i}{f_i} \leqslant T_{\max} \quad \frac{-\rho\eta s_i c_i}{f_i} - \rho\epsilon\,\frac{M}{B\log_2\left(1+\frac{p_i^* g_i}{N_0}\right)} \geqslant \ln R_{th}$$

$$0 \leqslant f_i \leqslant f_i^{\max} \tag{13.16}$$

由 $\frac{\partial F(f_i)}{\partial f_i^2}<0$,因此子问题(13.16)是凸问题,我们可以通过凸优化工具来解决它。

在决定出价后,用户向服务器提交出价。以下部分介绍了服务器和用户之间的拍卖机制,以选择获胜者并决定付款。

我们的目标是在每次迭代中最大化所有聚合学习模型的质量总和,同时确保满足个体理性、真实性以及计算资源的约束。由于用户在策略上是自私的,因此设置真实性的目标是为了避免节点宣布不真实的投标价格。基于信誉模型的学习质量量化,用户 i 参与联邦学习的效用可定义为聚合服务器支付的费用与学习成本之差:

$$u_i = \begin{cases} r_i - e_i, & i \in I \\ 0, & \text{其他} \end{cases} \tag{13.17}$$

服务器为中标支付的费用为 r_i,学习成本为 e_i。正如我们所描述的,对于固定数量的全局迭代,高局部精度将显著提高全局精度。服务器的效用是服务器的满意度与支付用户费用之间的差。结合用于训练任务 j 的数据量 $D_{i,j}$,用户 i 的学习质量定义如下:

$$\hat{q}_{i,j} = \frac{g^t_{k\to i} D_{i,j}}{\sum_k g^t_{k\to i} D_{i,j}} \tag{13.18}$$

系统的总效用或社会福利为:

$$\max_{(x_{i,j})} \sum_{i,j} (\hat{q}_{i,j} - e_{i,j}) \tag{13.19}$$

$$\text{s. t.} \quad \sum_{i,j} x_{i,j} r_{i,j} \leqslant B$$

$$r_{i,j} \geqslant b_{i,j}$$

$$\sum_{j} x_{i,j} \leqslant 1$$

$$x_{i,j} \in \{0,1\}$$

其中,优化问题(13.19)的第一个约束表示服务器的预算限制约束。然后,第三个约束表明用户最多可以赢得一个投标,并且第四个约束表示用户 i 是否获胜的二元约束。优化问题(13.19)是一个最大化背包问题,已知是 NP-hard。这意味着没有算法能够在多项式时间内找出问题的最优解。众所周知,只有当资源分配最优时,具有 Vickrey-Clarke-Groves(VCG)支付规则的机制才是真实的。因此,直接使用 VCG 支付是不合适的,因为问题(13.19)计算上是难以处理的。为了处理 NP-hard 问题,我们提出了基于贪心的算法。具体来说,该算法对节点 $\hat{q}_{i,j}/b_{i,j}$ 降序排列,即按每单位出价的质量贡献降序排列。$\hat{q}_{i,j}/b_{i,j}$ 的值是用户 i 的排名指标。然后,将节点 i 按信誉值和竞价比值的降序,逐个加入胜选集合,直到支付总额超过预算 B。在这里,我们根据用户 i 的支付来确定用户 i 的奖励。用 m 表示所有落选用户中排名最高的用户,可以替代用户 i 为获胜者的最高出价 $b_{i,j}$,满足 $b_{i,j}/\hat{q}_{i,j}=b_{m,j}/\hat{q}_{m,j}$。这意味着用户 i 的支付是投标价格 $b_{i,j}=b_{m,j}\hat{q}_{i,j}/\hat{q}_{m,j}$。$b_{i,j}$ 用作对用户 i 的支付。最后,算法找到满足预算约束下的最大效益的任务,并将任务分配给获胜用户。

13.3　实验评估

在本节中,将提供数值结果来评估提议的反向拍卖方案和提议的联邦学习机制的性能。假设移动设备的类型遵循均匀分布。详细的仿真参数列于表 13.1。实验在 VGG-9 模型上进行。我们认为联邦学习的任务是在 CIFAR-10 数据集上进行图像分类。物联网设备的数量为 16。我们将联邦学习的超参数设置如下:本地 epoch 1,batch size 64,学习率 0.05,全局迭代次数 300,每轮衰减率 0.996。训练样本被打乱并分发到独立同分布数据设置中的所有物联网设备。将我们提出的方案与以下列出的几个基线方案进行比较。

- 信誉优先:在不保证节点真实性的情况下,优先选择信誉最高的节点。
- 成本优先:在不保证节点真实性的情况下,优先选择出价最低的节点。
- 随机策略:随机选择节点参与联邦学习过程。

我们首先在图 13.1 中评估提议的拍卖方案的性能。从图 13.1 中,我们注意到随着预算的增加,所有方案都会产生更高的服务器效用。这是因为随着预算的增加,更多的设备被选择参与联邦学习过程。提议的方案可以优于其他三个基准。当预算为 400 时,建议方案得到的服务器效用比信誉优先、出价优先和随机方案得到的效用分别高出约 4.35%、28.45%和 41.80%。

表 13.1 仿真参数

参数	值
类型的数目	10
利润系数 ρ	1
权重系数 δ	0.5
白噪声 N_0	-144 dBm
单位计算复杂度	40 cycle/bit
数据大小	76.8 Mbit
VGG-9 模型大小	111.7 Mbit
电容开关系数 k	$[10^{-27}, 10^{-28}]$
带宽 B	$[0.5, 5]$MHz
训练失败率 η	10^{-3}

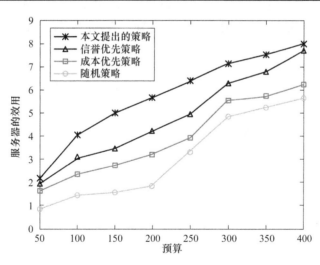

图 13.1 四种策略下服务器的效用与预算的比较

接下来,我们展示当权重 δ 从 0.1 到 0.9 变化时服务器的效用。图 13.2 表明服务器的效用随着 δ 的增加而增加。这是因为当 δ 增加时,目标更侧重于最小化一个全局回合的能量。它需要更多的计算资源以及更好的数据质量。提议的方案可以优于其他三个基准。当 δ 为 1 时,本方案获得的服务器效用分别比信誉优先、出价优先、竞价优先和随机方案。

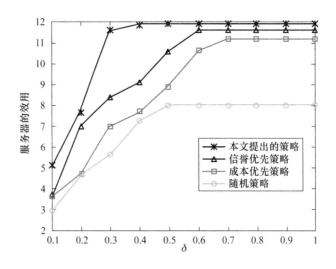

图 13.2　四种策略下服务器的效用与参数 δ 的比较

图 13.3 显示了当利润系数 ρ 从 1 到 25 变化时服务器的效用。可以观察到,随着 ρ 的增加,所有方案都会产生较低的服务器效用。那是因为当 ρ 增加时,目标更侧重于最大化全球一轮的可靠性。为了保持联邦学习过程的高可靠性,设备需要贡献更多的计算能力和传输功率来保持训练和模型上传的高可靠性,这会导致更多的能量消耗。因此,服务器需要向设备支付更多的奖励,导致效用下降。提议的方案可以优于其他三个基准。当 ρ 为 25 时,本方案获得的服务器效用分别比信誉优先、投标价格优先和随机方案。

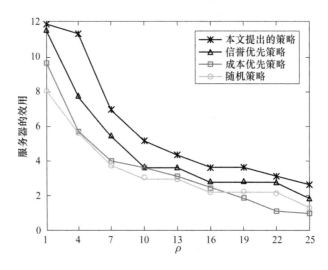

图 13.3　四种策略下服务器的效用与参数 ρ 的比较

图 13.4 显示了当可靠性约束 R_{min} 从 0.956 到 0.970 变化时服务器的效用。可以观察到,随着 R_{min} 的增加,所有方案都会产生较低的服务器效用。这是因为当 R_{min} 增加时,目标更侧重于最大化服务器收益,同时满足全球一轮的可靠性要求。为了保持联邦学习

过程的高可靠性,设备必须贡献更多的计算能力和传输能力,这会导致更多的能量消耗。因此,服务器必须向设备支付更多的奖励,以激励他们参与联邦学习过程。提议的方案可以优于其他三个基准。当 $R_{\min}$ 为 0.97 时,本方案获得的服务器效用分别比信誉优先获得的效用约 23.45%、63.31%、83.12%,投标价格首先和随机方案。

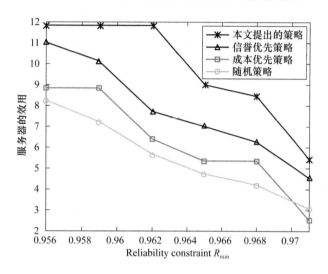

图 13.4　四种策略下服务器的效用与参数 $R_{\min}$ 的比较

本书参考文献

[1] DANG S, AMIN O, SHIHADA B, et al. What should 6G be? [J]. Nature Electronics, 2020, 3(1): 20-29.

[2] SAAD W, BENNIS M, CHEN M. A vision of 6G wireless systems: Applications, trends, technologies, and open research problems[J]. IEEE network, 2019, 34(3): 134-142.

[3] KHAN L U, SAAD W, NIYATO D, et al. Digital-Twin-Enabled 6G: Vision, architectural trends, and future directions[J]. IEEE Communications Magazine, 2022, 60(1): 74-80.

[4] SHE C, DONG R, GU Z, et al. Deep learning for ultra-reliable and low-latency communications in 6G networks[J]. IEEE network, 2020, 34(5): 219-225.

[5] GUO F, YU F R, ZHANG H, et al. Enabling massive IoT toward 6G: A comprehensive survey [J]. IEEE Internet of Things Journal, 2021, 8(15): 11891-11915.

[6] HU S, LIANG Y C, XIONG Z, et al. Blockchain and artificial intelligence for dynamic resource sharing in 6G and beyond[J]. IEEE Wireless Communications, 2021, 28(4): 145-151.

[7] SHAHRAKI A, ABBASI M, PIRAN M, et al. A comprehensive survey on 6G networks: Applications, core services, enabling technologies, and future challenges [J]. arXiv preprint arXiv: 2101. 12475, 2021.

[8] 尹传儒, 金涛, 张鹏, 等. 数据资产价值评估与定价: 研究综述和展望[J]. 大数据, 2021, 7(04): 14-27.

[9] 王思明. 基于区块链的车载边缘计算资源优化研究[D]. 广东工业大学, 2019. DOI: 10. 27029/d. cnki. ggdgu. 2019. 000343.

[10] THOMAS S, SCHWARTZ E. A protocol for interledger payments[J]. URL

https://interledger. org/interledger. pdf,2015.

[11] 魏昂.一种改进的区块链跨链技术[J].网络空间安全,2019,10(06):40-45.

[12] ANDROULAKI E,BARGER A,BORTNIKOV V,et al. Hyperledger fabric:a distributed operating system for permissioned blockchains[C]//Proceedings of the thirteenth EuroSys conference. 2018:1. 15.

[13] 李辉忠,李陈希,李昊轩,等. FISCO BCOS 技术应用实践[J]. 信息通信技术与政策,2020 (1):52. 60.

[14] CORBETT J C,DEAN J,EPSTEIN M,et al. Spanner:Google's globally distributed database[J]. ACM Transactions on Computer Systems (TOCS),2013,31(3):1-22.

[15] The Zilliqa Project:A Secure,Scalable Blockchain Platform[EB/OL]. Available online:https//docs. zilliqa. com/positionpaper. pdf.

[16] LIU L,ZHANG S,RYU K D,et al. R-Chain:A Self-Maintained Reputation Management System in P2P Networks[C]//ISCA PDCS. 2004:131. 136.

[17] ALDAKHEEL J S,AlAHMAD M A,Al-FOUDERY A. Comparison Between Bitcoin and Quarkchain [J]. Journal of Computational and Theoretical Nanoscience,2019,16(3):818-822.

[18] MICALI S,RABIN M,VADHAN S. Verifiable random functions[C]//40th annual symposium on foundations of computer science (cat. No. 99CB37039). IEEE,1999:120-130.

[19] DELGADO-SEGURA S,PÉREZ-SOLA C,NAVARRO-ARRIBAS G,et al. Analysis of the Bitcoin UTXO set[C]//International Conference on Financial Cryptography and Data Security. Springer,Berlin,Heidelberg,2018:78-91.

[20] MIZRAHI A,ROTTENSTREICH O. Blockchain State Sharding with Space-Aware Representations [J]. IEEE Transactions on Network and Service Management,2020,18(2):1571-1583.

[21] YUAN S,CAO B,SUN Y,et al. Secure and Efficient Federated Learning Through Layering and Sharding Blockchain[J]. arXiv preprint arXiv:2104. 13130,2021.

[22] FENG L,YANG Z,GUO S,et al,Two-Layered Blockchain Architecture for Federated Learning over Mobile Edge Network[J]. IEEE Network,2021,36(1):45-51.

[23] XIE J,ZHANG K,LU Y L,et al. Resource-efficient DAG Blockchain with Sharding for 6G Networks[J]. IEEE Network,2022,36(1):189. 196.

[24] ZHANG F,GUO S,QIU X,et al. Federated Learning Meets Blockchain: State Channel based Distributed Data Sharing Trust Supervision Mechanism[J]. IEEE Internet of Things Journal,2023,10(14):12066-12076.

[25] HAN S,MAO H,DALLY W J. Deep compression: Compressing deep neural networks with pruning, trained quantization and huffman coding[J]. arXiv preprint arXiv:1510.00149,2015.

[26] ZHAN Y,LI P,QU Z,et al. A learning-based incentive mechanism for federated learning[J]. IEEE Internet of Things Journal,2020,7(7):6360-6368.

[27] YANG Z,CHEN M,SAAD W,et al. Energy efficient federated learning over wireless communication networks [J]. IEEE Transactions on Wireless Communications,2020,20(3):1935-1949.

[28] SIMONYAN K,ZISSERMAN A. Very deep convolutional networks for large-scale image recognition[J]. arXiv preprint arXiv:1409.1556,2014.

[29] SATTLER F, WIEDEMANN S, MÜLLER K R, et al. Robust and communication-efficient federated learning from non-iid data [J]. IEEE transactions on neural networks and learning systems,2019,31(9):3400-3413.

[30] NISHIO T, YONETANI R. Client selection for federated learning with heterogeneous resources in mobile edge[C]//ICC 2019. 2019 IEEE international conference on communications (ICC). IEEE,2019:1-7.

[31] HUANG X, YU R, LIU J, et al. Parked vehicle edge computing: Exploiting opportunistic resources for distributed mobile applications[J]. IEEE Access,2018,6:66649-66663.

[32] WANG X,CHEN X,WU W,et al. Cooperative application execution in mobile cloud computing: A stackelberg game approach[J]. IEEE Communications Letters,2015,20(5):946-949.

[33] XIONG Z,ZHANG Y,NIYATO D,et al. When Mobile Blockchain Meets Edge Computing[J]. IEEE Communications Magazine,2018,56(8):33-39.

[34] RAO L,LIU X,ILIC M D,et al. Distributed coordination of internet data centers under multiregional electricity markets[J]. Proceedings of the IEEE,2011,100 (1):269-282.

[35] LIU X, WANG W, NIYATO D, et al. Evolutionary game for mining pool selection in blockchain networks[J]. IEEE Wireless Communications Letters,2018,7(5):760-763.

[36] YANG D, XUE G, FANG X, et al. Incentive mechanisms for crowdsensing:

Crowdsourcing with smartphones[J]. IEEE/ACM transactions on networking, 2015,24(3):1732-1744.

[37] CRAMER R,DAMGÅRD I B. Secure multiparty computation[M]. Cambridge University Press,2015.

[38] CANETTI R,FEIGE U,GOLDREICH O,et al. Adaptively secure multi-party computation[C]//Proceedings of the twenty-eighth annual ACM symposium on Theory of computing. 1996:639-648.

[39] LINDELL Y. Secure multiparty computation[J]. Communications of the ACM, 2020,64(1):86-96.

[40] KNOTT B,VENKATARAMAN S,HANNUN A,et al. Crypten:Secure multi-party computation meets machine learning[J]. Advances in Neural Information Processing Systems,2021:34.

[41] DWORK C. Differential privacy:A survey of results [C]//International conference on theory and applications of models of computation. Springer, Berlin,Heidelberg,2008:1-19.

[42] DANKAR F K,EL EMAM K. Practicing differential privacy in health care:A review[J]. Trans. Data Priv. ,2013,6(1):35-67.

[43] HSU J, GABOARDI M, HAEBERLEN A, et al. Differential privacy:An economic method for choosing epsilon[C]//2014 IEEE 27th Computer Security Foundations Symposium. IEEE,2014:398-410.

[44] HOLOHAN N, ANTONATOS S, BRAGHIN S, et al. The bounded Laplace mechanism in differential privacy[J]. arXiv preprint arXiv:1808. 10410,2018.

[45] WANG Y X, BALLE B, KASIVISWANATHAN S P. Subsampled rényi differential privacy and analytical moments accountant [C]//The 22nd International Conference on Artificial Intelligence and Statistics. PMLR,2019: 1226-1235.

[46] FAN Y, LIU S, TAN G, et al. Fine-grained access control based on trusted execution environment[J]. Future Generation Computer Systems,2020,109:551-561.

[47] CHEN Y,LUO F,LI T,et al. A training-integrity privacy-preserving federated learning scheme with trusted execution environment[J]. Information Sciences, 2020,522:69-79.

[48] AYOADE G, KARANDE V, KHAN L, et al. Decentralized IoT data management using blockchain and trusted execution environment [C]//2018

IEEE International Conference on Information Reuse and Integration (IRI). IEEE,2018:15-22.

[49] MCMAHAN B, MOORE E, RAMAGE D, et al. Communication-efficient learning of deep networks from decentralized data[C]. Artificial intelligence and statistics. PMLR,2017:1273-1282.

[50] LIM W Y B,LUONG N C,HOANG D T,et al. Federated learning in mobile edge networks:A comprehensive survey[J]. IEEE Communications Surveys & Tutorials,2020,22(3):2031-2063.

[51] NASR M,SHOKRI R,HOUMANSADR A. Machine learning with membership privacy using adversarial regularization[C]. Proceedings of the 2018 ACM SIGSAC Conference on Computer and Communications Security. 2018:634-646.

[52] MELIS L,SONG C,DE CRISTOFARO E,et al. Exploiting unintended feature leakage in collaborative learning[C]. 2019 IEEE Symposium on Security and Privacy (SP). IEEE,2019:691-706.

[53] ZHU L, HAN S. Deep leakage from gradients[M]. Federated learning. Springer,Cham,2020:17-31.

[54] YIN H,MALLYA A,VAHDAT A,et al. See through Gradients:Image Batch Recovery via GradInversion[C]//Proceedings of the IEEE/CVF Conference on Computer Vision and Pattern Recognition. 2021:16337-16346.

[55] HITAJ B, ATENIESE G, PEREZ-CRUZ F. Deep models under the GAN: information leakage from collaborative deep learning[C]. Proceedings of the 2017 ACM SIGSAC Conference on Computer and Communications Security. 2017:603-618.

[56] LI J,KUANG X,LIN S,et al. Privacy preservation for machine learning training and classification based on homomorphic encryption schemes[J]. Information Sciences,2020,526:166-179.

[57] ZHANG Q,XIN C,WU H. Privacy Preserving Deep Learning based on Multi-Party Secure Computation:A Survey[J]. IEEE Internet of Things Journal,2021, 8(13):10412-10429.

[58] ZHAO Y,ZHAO J,YANG M,et al. Local differential privacy-based federated learning for internet of things[J]. IEEE Internet of Things Journal,2020,8(11): 8836-8853.

[59] LU Y,HUANG X,DAI Y,et al. Differentially private asynchronous federated learning for mobile edge computing in urban informatics[J]. IEEE Transactions

on Industrial Informatics,2019,16(3):2134-2143.

[60] XU M, PENG J, GUPTA B B, et al. Multi-Agent Federated Reinforcement Learning for Secure Incentive Mechanism in Intelligent Cyber-Physical Systems [J]. IEEE Internet of Things Journal,2021,1:1-10.

[61] PANDEY S R,TRAN N H,BENNIS M,et al. A crowdsourcing framework for on-device federated learning [J]. IEEE Transactions on Wireless Communications,2020,19(5):3241-3256.

[62] KANG J,XIONG Z,NIYATO D,et al. Incentive design for efficient federated learning in mobile networks:A contract theory approach[C]. 2019 IEEE VTS Asia Pacific Wireless Communications Symposium (APWCS). IEEE,2019:1-5.

[63] KANG J, XIONG Z, NIYATO D, et al. Incentive mechanism for reliable federated learning:A joint optimization approach to combining reputation and contract theory[J]. IEEE Internet of Things Journal,2019,6(6):10700-10714.

[64] ZHAN Y,LI P,QU Z,et al. A learning-based incentive mechanism for federated learning[J]. IEEE Internet of Things Journal,2020,7(7):6360-6368.

[65] WANG Y,SU Z,ZHANG N,et al. Learning in the air:Secure federated learning for UAV-assisted crowdsensing[J]. IEEE Transactions on network science and engineering,2020,8(3):1055-1069.

[66] LIM W Y B,XIONG Z,MIAO C,et al. Hierarchical incentive mechanism design for federated machine learning in mobile networks[J]. IEEE Internet of Things Journal,2020,7(10):9575-9588.

[67] JIAO Y,WANG P,NIYATO D,et al. Toward an automated auction framework for wireless federated learning services market[J]. IEEE Transactions on Mobile Computing,2021,20(10):3034-3048.

[68] KANG Y, HAUSWALD J, GAO C, et al. Neurosurgeon:Collaborative intelligence between the cloud and mobile edge[J]. ACM SIGARCH Computer Architecture News,2017,45(1):615-629.

[69] LI E,ZHOU Z,CHEN X. Edge intelligence:On-demand deep learning model co-inference with device-edge synergy[C]. Proceedings of the 2018 Workshop on Mobile Edge Communications. 2018:31-36.

[70] WANG Q,LI Z,NAI K,et al. Dynamic resource allocation for jointing vehicle-edge deep neural network inference[J]. Journal of Systems Architecture,2021, 117:102133.

[71] YANG B,CAO X,XIONG K,et al. Edge Intelligence for Autonomous Driving in

6G Wireless System: Design Challenges and Solutions [J]. IEEE Wireless Communications,2021,28(2):40-47.

[72] HE Z, ZHANG T, LEE R B. Model inversion attacks against collaborative inference[C]. Proceedings of the 35th Annual Computer Security Applications Conference. 2019:148-162.

[73] HE Z,ZHANG T,LEE R B. Attacking and Protecting Data Privacy in Edge-Cloud Collaborative Inference Systems[J]. IEEE Internet of Things Journal, 2020,8(12):9706-9716.

[74] SHI C, CHEN L, SHEN C, et al. Privacy-aware edge computing based on adaptive DNN partitioning[C]. 2019 IEEE Global Communications Conference (GLOBECOM). IEEE,2019:1-6.

[75] WANG J,ZHANG J,BAO W,et al. Not just privacy:Improving performance of private deep learning in mobile cloud[C]. Proceedings of the 24th ACM SIGKDD International Conference on Knowledge Discovery & Data Mining. 2018: 2407-2416.

[76] 吴茂强. 车联网群智感知与数据共享研究[D]. 广东:广东工业大学,2021.

[77] LV Z, LOU R, SINGH A K. AI empowered communication systems for intelligent transportation systems [J]. IEEE Transactions on Intelligent Transportation Systems,2020,22(7):4579-4587.

[78] GANGWANI D,GANGWANI P. Applications of machine learning and artificial intelligence in intelligent transportation system:A review[J]. Applications of Artificial Intelligence and Machine Learning,2021:203-216.

[79] MCMAHAN B, MOORE E, RAMAGE D, et al. Communication-efficient learning of deep networks from decentralized data[C]//Artificial intelligence and statistics. PMLR,2017:1273-1282.

[80] SAVAZZI S, NICOLI M, RAMPA V. Federated learning with cooperating devices:A consensus approach for massive IoT networks[J]. IEEE Internet of Things Journal,2020,7(5):4641-4654.

[81] DU Z,WU C,YOSHINAGA T,et al. Federated learning for vehicular internet of things:Recent advances and open issues[J]. IEEE Open Journal of the Computer Society,2020,1:45-61.

[82] YU R, LI P. Toward resource-efficient federated learning in mobile edge computing[J]. IEEE Network,2021,35(1):12-19.

[83] YE D,YU R,PAN M,et al. Federated learning in vehicular edge computing:A

selective model aggregation approach[J]. IEEE Access,2020:23920-23935.

[84] NASR M,SHOKRI R,HOUMANSADR A. Machine learning with membership privacy using adversarial regularization[C]//Proceedings of the 2018 ACM SIGSAC Conference on Computer and Communications Security. 2018:634-646.

[85] ZHU L,LIU Z,HAN S. Deep leakage from gradients[C]//Procedings of the Advances in Neural Information Processing Systems,2019:14774-14784.

[86] HITAJ B, ATENIESE G, PEREZ-CRUZ F. Deep models under the gan: information leakage from collaborative deep learning. in Proceedings of the 2017 ACM SIGSAC Conference on Computer and Communications Security,2017:603-618.

[87] MELIS L,SONG C,DE CRISOFARO E. Exploiting unintended feature leakage in collaborative learning. in 2019 IEEE Symposium on Security and Privacy (SP). IEEE,2019:691-706.

[88] ZHAO B,MOPURI K R,BILEN H. idlg:Improved deep leakage from gradients[J]. arXiv preprint arXiv:2001.02610,2020.

[89] GEIPING J,BAUERMEISTER H,DRÖGE H,et al. Inverting gradients-how easy is it to break privacy in federated learning? [J]. Advances in Neural Information Processing Systems,2020,33:16937-16947.

[90] YIN H,MALLYA A,VAHDAT A,et al. See through gradients:Image batch recovery via gradinversion[C]//Proceedings of the IEEE/CVF Conference on Computer Vision and Pattern Recognition. 2021:16337-16346.

[91] LUO X,WU Y,XIAO X,et al. Feature inference attack on model predictions in vertical federated learning[C]//2021 IEEE 37th International Conference on Data Engineering (ICDE). IEEE,2021:181-192.

[92] MO F,BOROVYKH A,MALEKZADEH M,et al. Layer-wise characterization of latent information leakage in federated learning[J]. arXiv preprint arXiv:2010.08762,2020.

[93] LEE H,KIM J,AHN S,et al. Digestive neural networks:A novel defense strategy against inference attacks in federated learning[J]. computers & security,2021,109:102378.

[94] DANG T,THAKKAR O,RAMASWAMY S,et al. Revealing and Protecting Labels in Distributed Training[J]. Advances in Neural Information Processing Systems,2021,34.

[95] WAINAKH A,VENTOLA F,MÜßIG T,et al. User-Level Label Leakage from

Gradients in Federated Learning [J]. Proceedings on Privacy Enhancing Technologies,2022,2022(2):227-244.

[96] KANAGAVELU R, LI Z, SAMSUDIN J, et al. Two-phase multi-party computation enabled privacy-preserving federated learning[C]//2020 20th IEEE/ACM International Symposium on Cluster, Cloud and Internet Computing (CCGRID). IEEE,2020:410-419.

[97] FANG H, QIAN Q. Privacy preserving machine learning with homomorphic encryption and federated learning[J]. Future Internet,2021,13(4):94.

[98] HUANG Y,GUPTA S,SONG Z,et al. Evaluating gradient inversion attacks and defenses in federated learning[J]. Advances in Neural Information Processing Systems,2021,34.

[99] HUANG Y, SU Y, RAVI S, et al. Privacy-preserving learning via deep net pruning[J]. arXiv preprint arXiv:2003.01876,2020.

[100] WEI K, LI J, DING M, et al. Federated learning with differential privacy: Algorithms and performance analysis[J]. IEEE Transactions on Information Forensics and Security,2020,15:3454-3469.

[101] TRUEX S,LIU L,CHOW K H,et al. LDP-Fed:Federated learning with local differential privacy[C]//Proceedings of the Third ACM International Workshop on Edge Systems,Analytics and Networking. 2020:61-66.

[102] ZHANG H, CISSE M, DAUPHIN Y N, et al. mixup:Beyond empirical risk minimization[J]. arXiv preprint arXiv:1710.09412,2017.

[103] HUANG Y,SONG Z,LI K,et al. Instahide:Instance-hiding schemes for private distributed learning [C]//International Conference on Machine Learning. PMLR,2020:4507-4518.

[104] HU R, GONG Y, GUO Y. Cpfed:Communication-efficient and privacy-preserving federated learning. arXiv preprint arXiv:2003.13761,2020.

[105] YU H,YANG S,ZHU S. Parallel restarted sgd with faster con- vergence and less communication:Demystifying why model averaging works for deep learning. in Proceedings of the AAAI Conference on Artificial Intelligence, 2019,33:5693-5700.

[106] LI X, HUANG K, YANG W,et al. On the convergence of fedavg on non-iid data[J]. arXiv preprint arXiv:1907.02189,2019.

[107] ZENG Q,DU Y,HUANG K,et al. Energy-efficient resource management for federated edge learning with cpu-gpu heterogeneous computing. arXiv preprint

arXiv:2007.07122,2020.

[108] WU M, YE D, DING J, et al. Incentivizing Differentially Private Federated Learning:A Multidimensional Contract Approach[J]. IEEE Internet of Things Journal,2021,8(13):10639-10651.

[109] BOYD S,BOYD S P,VANDENBERGHE L. Convex optimization. Cambridge university press,2004.

[110] 吴茂强,黄旭民,康嘉文,等.面向车路协同推断的差分隐私保护方法[J/OL].计算机工程:1.9[2022.07.10].DOI:10.19678/j.issn.1000-3428.0062665.

[111] WU M,HUANG X,TAN B,et al. Hybrid sensor network with edge computing for ai applications of connected vehicles[J]. Journal of Internet Technology, 2020,21(5):1503-1516.

[112] YE D,YU R,PAN M,et al. Federated learning in vehicular edge computing:A selective model aggregation approach[J]. IEEE Access,2020,8:23920-23935.

[113] SHEHA M,MOHAMMADI K,POWELL K. Solving the duck curve in a smart grid environment using a non-cooperative game theory and dynamic pricing profiles[J]. Energy Conversion and Management,2020,220:113102.

[114] VINCENT M A, VIDYA K R, MATHEW S P. Traffic Sign Classification Using Deep Neural Network[C]. 2020 IEEE Recent Advances in Intelligent Computational Systems (RAICS). IEEE,2020:13-17.

[115] 左英男.零信任架构在关键信息基础设施安全保护中的应用研究[J].保密科学技术,2019(11):33-38.

[116] 中国信息通信研究院、奇安信科技集团股份有限公司.零信任技术.2020.

[117] 埃文·吉尔曼(Evan Gilman),道格·巴特(Doug Barth).零信任网络:在不可信网络中构建安全系统[M]. 北京:人民邮电出版社,2019.

[118] 全球抗疫云办公云教育陡然升温-环球网［EB/OL].(2020-03.21)[2020-03.23].https://finance.huanqiu.com/article/3xVW4gmkvN7.

[119] JIANG T ,ZHANG J ,TANG P ,et al. 3GPP Standardized 5G Channel Model for IIoT Scenarios:A Survey[J]. IEEE Internet of Things Journal,2021,8(11):8799-8815.

[120] 毛玉欣,陈林,游世林,等.5G 网络切片安全隔离机制与应用[J].移动通信,2019,43(10):31-37.

[121] ZHANG X, PENG M, YAN S. Deep-reinforcement-learning-based mode selection and resource allocation for cellular V2X communications[J]. IEEE Internet Things Journal,2019,7(7):6380-6391.

[122] WANG X,WANG C,LI X. Federated deep rein-forcement learning for Internet of Things with decentralized cooperative edge caching[J]. IEEE Internet Things Journal,2020,7(10):9441-9455.

[123] YU S,CHEN X,ZHOU Z. When deep reinforcement learning meets federated learning:Intelligent multitimescale resource management for multiaccess edge computing in 5G ultradense network,IEEE Internet Things Journal,2021,8(4): 2238-2251.

[124] GOLDWASSER S, MICALI S, RACKOFF C. The knowledge complexity of interactive proof systems[J]. SIAM Journal on computing, 1989, 18 (1): 186-208.

[125] BLUM M,DE SANTIS A,MICALI S,et al. Noninteractive zero-knowledge[J]. SIAM Journal on Computing,1991,20(6):1084-1118.

[126] 郝敏,叶东东,余荣,等.区块链赋能的 6G 零信任车联网可信接入方案[J/OL]. 电子与信息学报:1. 10[2022. 07. 05]. http://kns. cnki. net/kcms/detail/11. 4494. TN. 20220624. 1139. 004. html.

[127] 清华大学智能产业研究院,百度 Apollo. 面向自动驾驶的车路协同关键技术与展望[R]. 2021.

[128] HAO M,YE D,WANG S,et al. URLLC resource slicing and scheduling for trustworthy 6G vehicular services:A federated reinforcement learning approach [J]. Physical Communication,2021,49:101470.

[129] WANG S,HUANG X,YU R,et al. Permissioned Blockchain for Efficient and Secure Resource Sharing in Vehicular Edge Computing[J]. arXiv e-prints, 2019:arXiv:1906. 06319.

[130] HUANG X,YU R,YE D,et al. Efficient workload allocation and user-centric utility maximization for task scheduling in collaborative vehicular edge computing[J]. IEEE Transactions on Vehicular Technology,2021,70(4):3773. 3787,doi:10. 1109/TVT. 2021. 3064426.

[131] SONG J,HARN P W,SAKAI K. An RFID Zero-knowledge Authentication Protocol based on Quadratic Residues,[J]. IEEE Internet of Things Journal, 2021,9(14):12813-12824.

[132] 维基百科:熵（信息论）[EB/OL]. (2018-02-25)[2022-07-09]. https://zh. wikipedia. org/wiki/% E7% 86% B5 _(% E4% BF% A1% E6% 81% AF% E8% AE%BA).

[133] 孙波.有限精度信息熵的性质及其应用的研究[D]. 东华大学,2008.

［134］ 傅祖云.信息论:基础理论与应用［M］.北京:电子工业出版社,2004.

［135］ THOMAS M,JOY A T. Elements of information theory［M］. New Jersey:
John Wiley & Sons,2006.

［136］ 陈珺.跨境数据流动的一般问题研究［J］.商展经济,2020(13):13-15.

［137］ 李希君.基于信息熵的数据交易定价研究［D］.上海交通大学,2018.

［138］ 科技猛兽:详细解读 f 散度与 f-GAN［EB/OL］.(2020-09-15)［2022-07-09］.
https://zhuanlan.zhihu.com/p/245566551.

［139］ 用户 1508658:从 KL 和 JS 散度到 f-GAN［EB/OL］.(2019-07-27)［2022-07-09］.
https://cloud.tencent.com/developer/article/1474290.

［140］ VILLANI C. Optimal transport:old and new［M］. Berlin:springer,2009.

［141］ RUBNER Y,TOMASI C,GUIBAS L J. The earth mover's distance as a metric
for image retrieval［J］. International journal of computer vision,2000,40(2):99-
121.

［142］ 张逸扬.融合 Faster-RCNN 和 Wasserstein 自编码器的图像检索方法研究及应
用［D］.重庆:重庆大学,2019.

［143］ YU H,SHEN Z,MIAO C,et al. A survey of trust and reputation management
systems in wireless communications［J］. Proceedings of the IEEE,2010,98
(10):1755-1772.

［144］ DENG Y,LYU F,REN J,et al. Fair:Quality-aware federated learning with
precise user incentive and model aggregation［C］//IEEE INFOCOM 2021. IEEE
Conference on Computer Communications. IEEE,2021:1-10.

［145］ ZHANG J,WU Y,PAN R. Incentive mechanism for horizontal federated
learning based on reputation and reverse auction［C］//Proceedings of the Web
Conference 2021. 2021:947-956.

［146］ Gompertz B. XXIV. On the nature of the function expressive of the law of
human mortality,and on a new mode of determining the value of life
contingencies. In a letter to Francis Baily,Esq. FRS &c［J］. Philosophical
transactions of the Royal Society of London,1825 (115):513-583.

［147］ ZHAO Y,et al. Federated learning with non-iid data. arXiv preprint arXiv:
1806.00582,2018.

［148］ JIAO Y,WANG P,NIYATO D,et al. Toward an automated auction framework
for wireless federated learning services market［J］. IEEE Transactions on
Mobile Computing,2020,20(10):3034-3048.

［149］ HOU X,REN Z,WANG J,et al. Reliable computation offloading for edgecomputing-enabled software-defined IoV[J]. IEEE Internet of Things Journal, 2020,7(8):7097-7111.

[150] HSIEH C C,HSIEH Y C. Reliability and cost optimization in distributed computing systems[J]. Computers & Operations Research, 2003, 30 (8): 1103-1119.

[151] PLANK J S,ELWASIF W R. Experimental assessment of workstation failures and their impact on checkpointing systems[C]//Digest of Papers. Twenty-Eighth Annual International Symposium on Fault-Tolerant Computing (Cat. No. 98CB36224). IEEE,1998:48-57.

[152] HOU X,REN Z,WANG J,et al. Latency and reliability oriented collaborative optimization for multi-UAV aided mobile edge computing system[C]//IEEE INFOCOM 2020-IEEE Conference on Computer Communications Workshops (INFOCOM WKSHPS). IEEE,2020:150-156.

[153] TRAN N H,BAO W,ZOMAYA A,et al. Federated learning over wireless networks:Optimization model design and analysis[C]//IEEE INFOCOM 2019. IEEE conference on computer communications. IEEE,2019:1387-1395.

[154] ZHANG B,WANG L,HAN Z. Contracts for joint downlink and uplink traffic offloading with asymmetric information[J]. IEEE Journal on Selected Areas in Communications,2020,38(4):723-735.

[155] GAO L,WANG X,XU Y,et al. Spectrum trading in cognitive radio networks: A contract-theoretic modeling approach[J]. IEEE Journal on Selected Areas in Communications,2011,29(4):843-855.